Modernisieren
durch Umbauen
Planung und Bauausführung

Kurt Jeni

Modernisieren durch Umbauen

Planung und Bauausführung

Weltbild

Genehmigte Lizenzausgabe für Verlagsgruppe Weltbild GmbH,
Steinerne Furt, 86167 Augsburg

Redaktionelle Mitarbeit: Joachim Hoffmann, Bernhard Müller, Norbert Weimper, Barbara Weyman
Fotos: Barbara Döge-Trommer, IWU, Bernhard Müller, Andreas Schembecker
Grundrisszeichnungen: Dipl.-Ing. Susanne Kronenberg
Bildrechte: Archiv Fachschriften-Verlag GmbH & Co. KG, Fellbach
Entwurf des Titelhauses: Joceline Busch
Umschlaggestaltung: Atelier Lehmacher, Friedberg (Bay.)
Gesamtherstellung: Neografia, a.s. printing house, Martin
Printed in the EU

ISBN 978-3-8289-2578-6

2010 2009 2008 2007
Die letzte Jahreszahl gibt die aktuelle Lizenzausgabe an.

DER INHALT

Eine Haussanierung von A bis Z stellen wir vor. Die neuen Eigentümer dieses Landhäuschens haben aus dem Wrack Stück für Stück ein wunderschönes Domizil auf dem Land entstehen lassen. Vorab zeigen wir Ihnen das Haus nach der erfolgreichen Sanierung. Wenn man die heutige Atmosphäre der Räume spürt, ist nur schwer vorstellbar, wie zerfallen die gesamte Bausubstanz bereits gewesen ist. Unsere Serie wird Ihnen dies vor Augen führen.

Frisch saniert von A bis Z

Bis auf das in sich abgeschlossene Gästezimmer ist das Erdgeschoß mehr oder weniger ein einziger großer Raum, der trotzdem die Funktionseinheiten trennt: durch altes Gebälk, das die frühere Aufteilung verdeutlicht. Sie sehen auf den drei Bildern die homogene Kombination von Kochen, Essen und Wohnen. Deutlich unterstrichen wird diese von den Besitzern gewünschte Wirkung durch die Wahl derselben Fliesenserie.

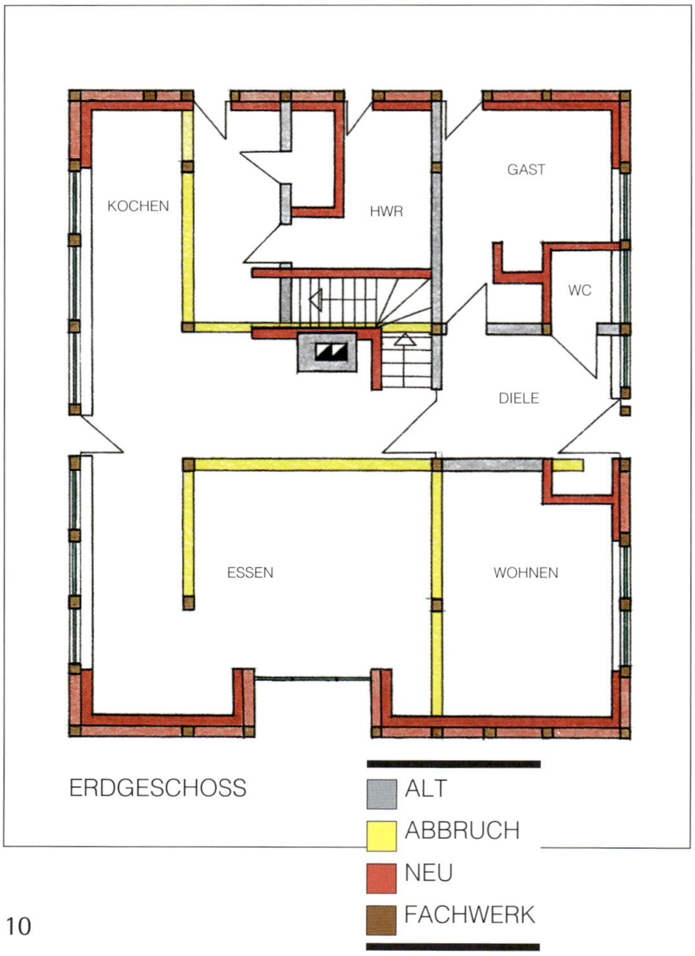

Die erste Begegnung mit dem heutigen Traumhaus war für Joceline Busch alles andere als traumhaft. Aber lassen wir sie selbst erzählen: „Wir hielten an einem Grundstück – wo man nur mit gutem Willen überhaupt das Gartentor fand – alles war eingewachsen, als wäre viele Jahre niemand hier gewesen. Wir traten durch das kleine verrostete Tor und gingen zwischen Tannen, dichten Büschen und Unkraut entlang, das einem direkt in die Augen sehen konnte – so hoch war es. Als wir ins Haus eintraten, war es schlagartig vorbei mit der Romantik. Das Haus war innen ein einziges Desaster. Sanitäre Anlagen? Fehlanzeige. Heizung? Ein Elektrospeicher fürs ganze Haus. Wände? Regenwasser und Bodenfeuchte haben die Fachwerkbalken zerstört. All dies hat uns zwar schockiert, konnte uns aber nicht von der in kurzer Zeit getroffenen Entscheidung abhalten: Wir kauften das Haus."

Jetzt mußten die neuen Besitzer zuerst ein umfangreiches Sanierungs- und Nutzungskonzept entwickeln. Die Riesenaufgabe, die vor ihnen lag, wurde bis ins Detail hinein deutlich. Trotzdem standen Pläne und Rahmendaten in kurzer Zeit fest.

Dann stand der Gang zum Bauamt an, normalerweise eine eher gefürchtete Behörde.

Die Erfahrung, die Joceline Busch gemacht hat, faßt sie so zusammen: „Wir möchten hier einmal ein paar Vorurteile gegen Beamte ausräumen. Die Damen und Herren, mit denen wir zu tun hatten, waren äußerst freundlich und verständnisvoll. Sie haben uns sogar gute Tips gegeben. Trotz alledem müssen natürlich die Vorschriften eingehalten werden. Wir mußten also auf die Baugenehmigung warten, bevor wir mit den Arbeiten beginnen konnten."

Das Bauamt erlaubte aber den Eigentümern, auch ohne Baugenehmigung im Inneren des Hauses alle nichttragenden Teile abzubauen. Und das war schon eine Menge Arbeit.

Dann kamen die umfassenden Sanierungsmaßnahmen an die Reihe: vom Fundament bis zum Dach, von den kompletten Installationen bis zum Innenausbau, wie man ihn jetzt in seiner ganzen Pracht auf den Bildern sieht.

Einbau- und Ausbauprodukte:
Wände innen und außen, Aufmauerungen z.B. für die Couch, den Kamin, Treppenstufen: Hebel.
Bauplatten, Putz, Estrich, Trockenschüttung, Unterboden: Knauf.
Fenster und Außentüren: Veka.
Holz am Giebel, Holzfußboden: Osmo.
Heizkörper: Zehnder.
Treppengeländer: Poppe & Potthoff.
Edelstahlverkleidung: Sekanta.
Innentüren: Schwering.
Kamineinsatz: Openfire Rösler.
Fliesen: IGA.
Linoleumbelag im Schlafraum: DLW.
Küchenmöbel, E-Geräte, Badmöbel: Alno.
Keramikarbeitsplatte mit integrierter Unterbauspüle: KCH.
Wohnraumleuchten: Artemide.
Türklinken: Schneider + Fichtel.
Armaturen: Serie Tiara von Friedrich Grohe.

Der links abgebildete Grundriß zeigt das Erdgeschoß. Unterm Dach sind neben dem Schlafzimmer ein wunderschönes Badezimmer und ein kleines Heimbüro untergebracht. Den Zugang ins obere Geschoß bietet eine filigrane Treppenanlage, die mit Porenbetonsteinen als Basis um den formschönen, edelstahl-ummantelten Kamin im Erdgeschoß herumgebaut wurde.

Die neuen Besitzer nannten den alten Kotten liebevoll „Hexenhäuschen". Hohe Tannen, dichte Büsche und bis zum Giebel rankender wilder Wein versteckten es. Vor Jahren verlassen, wurde es wieder bewohnbar gemacht ■

Alter Kotten mit neuem Leben

1 In der Küche betrug die Raumhöhe weniger als zwei Meter. Die Leitungen waren Aufputz verlegt.
2 Von seiner „Fassadenbegrünung" befreit, zeigte der Kotten sein wahres Gesicht.

3 Der vorhandene Beton- bzw. Dielenboden wurde mit Vorschlaghammer und Spitzhacke entfernt, dann der darunterliegende Erdboden 40 cm abgegraben.
4 Im Werkraum hatte man den Betonboden einfach rot gestrichen. Über der Holzbalkendecke wurde früher Heu und Stroh gelagert.
5 Hier kann man sehen, was die Bewohner unter Wärmedämmung verstanden: Hartschaumplatten mit Tapete. Die Folge: feuchte Balken.

Wer das rund 200 Jahre alte Heuerhaus einmal gesehen hat, kann es kaum glauben, daß die heutigen Besitzer nur neun Monate für die Komplett-Renovierung benötigten – bereits nach fünf Monaten war die untere Etage bewohnbar.

Alle Gewerke des Baugewerbes mußten Hand anlegen. Und natürlich auch die Bauherren selbst. Knochenarbeit nach Feierabend stand auf dem Programm.

Im Nacken: die Zeit und den Landschaftsschutz. Einen gekündigten Mietvertrag in der Tasche, mußten sie schnell eine neue Bleibe finden. Und diese sollte der alten ebenbürtig sein. Denn wenn man einmal den Charme eines restaurierten Kottens – so werden die Heuerhäuser im Tecklenburger Land (Westfalen) genannt – erlebt hat, möchte man nicht mehr darauf verzichten.

Ein befreundeter Architekt machte einen Kostenvoranschlag und bestätigte, was man ohnehin schon vermutet hatte: Die Renovierung würde wesentlich mehr kosten, als wenn man das alte Heuerhaus einfach abreißen und stilgerecht wieder errichten würde. Aber es stand nun eben mal entsprechend seiner früheren Nutzung als Gesindehaus eines größeren Bauernhofes im absoluten Außenbereich, wo man von einer Baugenehmigung nicht einmal träumen konnte.

Würde das Häuschen einstürzen, dürfte es nicht mehr aufgerichtet werden. Man hatte also nur die Möglichkeit, Bestehendes zu erhalten und durch entsprechende bauliche Maßnahmen den heutigen Anforderungen an den Wärme-, Schall- und Brandschutz sowie an die Haustechnik – dazu gehören die sanitären und elektrischen Installationen ebenso wie die Heizungsanlage – gerecht zu werden.

Erschwerend kam hinzu, daß es sich um ein Fachwerkhaus mit teilweise maroden Balken handelte. Um die Tragfähigkeit der Holzkonstruktion zu erhalten, mußte die Sanierung zunächst einmal hier ansetzen. Und wie entfernt man die Balkenenden, ohne daß das Dach einstürzt?

Kennzeichnend für Kotten dieser Gegend ist das Zweiständer-Fachwerk, bei dem die Last des Daches von zwei längs durchs Haus verlaufenden Ständerreihen getragen wird. Alle anderen Wände haben für das Gebäude keine statische Funktion.

6 Das Ständerwerk wurde mit Stahlstützen gesichert und dann mit hydraulischer Hilfe – mit einem Wagenheber – angehoben.
7 So hatte der Ständerbalken etwas Spiel, der verrottete Teil konnte abgesägt werden. Dann wurde der Balken „angeschuht".

Durch ein großes, mittig angeordnetes Tennentor betrat man früher das Gebäude, links und rechts befanden sich die Stallungen. Etwa in der Mitte war der Kamin, der das Haus beheizte. Im hinteren Teil des Hauses hat man gelebt. Über dem jetzigen Eßplatz wurde Heu und Stroh gelagert. Wenn die Wände dicht waren, mußte man hier also nicht frieren.

In den Jahren nach seiner ursprünglichen Nutzung hatten mehrere Bewohnergenerationen das Häuschen immer wieder provisorisch repariert – von Renovierung kann hier wohl kaum die Rede sein. Die Wärmedämmung übernahmen Hartschaumplatten, die einfach an die Wände geklebt und tapeziert wurden. Logische Folge: Die Balken konnten nicht mehr trocknen und faulten unauffällig vor sich hin.

Als sanitäre Einrichtungen dienten ein innenliegendes Plumpsklo ohne Abtrennung, ein Waschtrog und ein Brunnen vorm Haus. Das Abwasser wurde ohne Klärung direkt in den Garten geleitet. Die Rohre des Elektroboilers, der später hinzukam, wurden einfach entlang der Holzdecke verlegt und mit Papier „isoliert".

Eine Sanierung von A bis Z war angesagt

Im Rahmen dieser Serie lassen wir unsere Leser miterleben, wie ein komfortables Wohnhaus mit ausgebautem Dachgeschoß entstand. Der Wohnraum wurde nach heutigen Gesichtspunkten neu gegliedert mit Küche, Wohn-/Eßbereich, Gästezimmer, Dusche/WC und einem Hauswirtschaftsraum im Erdgeschoß und Schlafzimmer, Arbeitszimmer und geräumigem Badezimmer im Obergeschoß. Ausgebaute Gauben holen das Licht herein.

Den Kamin als Herzstück des Hauses hat man aus Liebe zur Tradition an seinem ursprünglichen Standort wieder aufgebaut. Sonst erinnert im Innern nichts an frühere Zeiten. Wenn man vom Tennentor absieht, das durch eine großzügige Sprossenverglasung ersetzt wurde, blieb die Fassade erhalten.

Das Dach wurde stilgerecht mit schwarzen Tonziegeln neu eingedeckt.

In den Erdboden wurden die Abwasserrohre und die Frischluftversorgung des Kamins verlegt (1). Innenfundamente entlang der Außenwände sollten die Stabilität des Hauses sichern. Danach wurde 10 cm Schlacke aufgefüllt (2), die gleichmäßig verteilt und verdichtet wurde (3). Darauf kam eine Folie, dann das Baustahlgewebe für den Flüssigbeton-Boden (4). Fertig ist der „Eispalast" (5).

1 Gegen aufsteigende Feuchtigkeit wurde zunächst eine Schweißbahn auf den Rohboden gelegt.
2 Die erste Steinreihe wurde in satt aufgetragenen Wärmedämm-Mörtel gesetzt. Leichte Verarbeitung durch seitliche Griffmulden.
3 Die exakte Ausrichtung der ersten Reihe entscheidet über den geraden Verlauf der Wand.
4 Die Hebel-Plansteine mit Nut und Feder werden nur in der Lagerfuge mit Dünnbettmörtel vermauert.

Eine neue Innenmauer vor das Fachwerk

Es ist schon eine Herausforderung, ein 200 Jahre altes, marodes Fachwerkhaus so zu sanieren und umzubauen, daß es heutigen Wohnansprüchen gerecht wird. Begonnen hat man mit der Balkensanierung und dem Boden. Hierüber berichteten wir in vorherigen Seiten. Nun wird die neue Innenschale mit Porenbeton-Plansteinen gemauert ■

Der alte Kotten durfte beim Umbau nicht einstürzen. Ganz wesentlich war deshalb zunächst einmal die Erhaltung der Tragfähigkeit der Balkenkonstruktion. Die Balkenenden wurden saniert, der Boden mit Beton vergossen – so konnte man schließlich mit dem Mauern der Wände beginnen. Diese haben beim Zweiständer-Fachwerkhaus keine tragende Funktion.

Die Bauherren hatten sich für ein zweischaliges Mauerwerk entschieden, um eine optimale Wärmedämmung zu erzielen. Die Wände sollten mit Porenbeton-Steinen ge-

5 Von der ersten Steinreihe wird eine Folie Z-förmig unter die erste Reihe der Außenwand geführt.
6 Die Wasserwaage kontrolliert den lotrechten Verlauf der Mauer.
7 Die Steine wurden mit dem Autokran von Hebel abgeladen.
8 Beim zweischaligen Mauerwerk verbinden Wandanker die beiden Schalen. Hier wird der erste Anker auf die Steinreihe gelegt und einfach mit eingemauert. Der überstehende Teil wird später in der Außenwand verankert.
9 Dank der großformatigen Plansteine mit einer Höhe von 25 und einer Breite von 50 Zentimeter, die im Verband vermauert werden, wachsen die Wände schnell. Hier sind die ersten Räume erkennbar.

mauert werden, weil sich diese durch besonders hohe Wärme- und Schalldämmwerte auszeichnen und darüber hinaus bei der Verarbeitung wesentliche Vorteile bieten: Hebel liefert die Steine im System. Dazu gehören nicht nur Fertigbauteile, wie zum Beispiel Stürze, sondern auch das gesamte Material und Werkzeug, das für die Verarbeitung benötigt wurde – vom Mörtel bis zur Bandsäge für das Zuschneiden von Paßstücken. Klar, daß man auch individuell beraten wird und entsprechende Hilfestellung auf der Baustelle bekommt. Optimale Voraussetzungen also für Bauherren, die gern selbst Hand anlegen möchten.

Für die Innenschale wählte man einen Planstein in 25 Zentimeter Stärke, wodurch beim geplanten zweischaligen Wandaufbau auf weitere Wärmedämmaßnahmen verzichtet werden konnte. Durch die integrierten Griffmulden läßt sich der relativ große Stein handlich versetzen.

Gemauert wird er im Verband, also mit versetzter Stoßfuge. Da hier ein Planstein mit Nut und Feder zum Einsatz kam, mußte der Dünnbettmörtel nur durchgehend auf jeder Steinreihe aufgebracht werden, die seitlichen Fugen werden knirsch gestoßen. Auch das beschleunigte den Arbeitsablauf.

Feuchtigkeit im Mauerwerk hat man durch gezielte Maßnahmen von vornherein ausgeschlossen: Die Schweißbahn unter der ersten Steinreihe läßt keine Feuchtigkeit von unten aufsteigen. Die typische Wärmebrücke, der Anschluß vom Boden zur Wand, wurde mit Wärmedämm-Mörtel ausgeführt. Die „Z-Folie" leitet möglicherweise an der Innenschale auftretende Feuchtigkeit durch die Außenschale ab. Auch das hat man geschafft: Die neue Lage der Fenster und Türen entspricht nicht mehr der alten Gebäudehülle.

Beim Umbau wurde die alte Bausubstanz von innen ausgehöhlt

Mit der Fertigstellung der neuen Innenschale ist ein weiterer wesentlicher Schritt getan. Bis zu diesem Zeitpunkt standen immer noch die alten Außenwände – es lag noch keine Baugenehmigung vor und die Zeit drängte. Da das alte Haus schief war, mußte die Innenmauer nach innen versetzt werden.

Systematisch wurde der 200 Jahre alte Kotten zunächst von seiner alten, maroden Bausubstanz befreit. Mit neuem Boden und vor die alte Außenschale gesetzten Innenwänden ausgestattet, sieht das Gebäude nun der Erneuerung seines Fachwerks entgegen ■

Von Grund auf die Außenwand saniert

1 **Freigelegt und von innen ausgehöhlt hat das Haus jetzt den letzten Rest von Romantik verloren.**
2 **Nicht nur die Ausfachungen der alten Außenwände mußten komplett erneuert werden. Auch das Fachwerk selbst war größtenteils durchfeuchtet.**
3 **Nachdem alle Balken unten abgeschnitten waren, wurde ein umlaufendes Außenfundament von 70 cm Tiefe ausgeschachtet.**

Die Zeit läuft. Nur noch wenige Wochen, und das Haus mußte bewohnbar sein. Keine leichte Aufgabe, wenn man bedenkt, daß nicht nur Neubauarbeiten auszuführen waren. Viel mehr Aufwand erforderte zunächst einmal die Entfernung der maroden Bausubstanz. Denn sämtliche Bauteile waren vom Verfall gezeichnet. Das größte Problem: die Feuchtigkeit. Konstruktive Fehler, unzureichende Dämmung und Vernachlässigung im Detail hatten diesen Zustand herbeigeführt. In mühevoller Arbeit hatte man zunächst einmal dem Haus einen festen, trockenen Boden gegeben. Und nie wieder wollte man feuchte Wände. Also legte man auf diesen Punkt ein ganz besonderes Augenmerk.

Um ausreichende Wärmedämmung zu gewährleisten, war eine zweite Wandschaleerforderlich, die man raumseitig vor die vorhandene Fachwerk-Außenwand stellte. Die eingesetzten 25 Zentimeter starken Hebel Porenbetonsteine hätten in Verbindung mit der sanierten Außenwand ausgereicht, um die damals von der Wärmeschutzverordnung geforderten k-Werte zu erzielen. Doch wollte man sicher gehen und sah zusätzlich eine Dämmung zwischen den beiden Wandschalen vor. Zum Einsatz kamen Rockwool Steinwollmatten, die sich durch einige wesentliche Eigenschaften auszeichnen: Sie bieten einen hervorragenden Wärme-, Schall- und Feuchtigkeitsschutz, sind alterungsbeständig, formstabil und nicht brennbar. Außerdem lassen sie sich leicht zuschneiden und „hautfreundlich" verarbeiten. Um Dämmfugen auszuschließen, wurden die Matten zweilagig im Verband verlegt. Sie wurden quasi auf die aus der Innenwand herausragenden Maueranker „gespießt", die die beiden Mauerschalen miteinander verbinden sollten. Natürlich konnte die Dämmung erst angebracht werden, als man von außen freien Zugang zur Innenwand hatte, also erst nachdem man

4 **Die Schalungsbretter sind angelegt, die Fundamentschächte können ausgegossen werden.**
5 **Hier sieht man deutlich den maroden Zustand der alten Balken.**
6 **Die Maueranker ragen aus der Innenwand heraus. Sie werden die beiden Schalen verbinden. Die „Z"-Folie soll Feuchtigkeit ableiten.**
7 **Das Fachwerk steht auf Sandstein-Plinten. Dahinter wurde zur Innenschale hin gedämmt.**

die Ausfachungen des Fachwerks entfernt hatte. Einfacher wäre es gewesen, die Dämmung an der sanierten Außenwand anzubringen und anschließend die neuen Innenwände hochzuziehen. Doch diese Vorgehensweise war nicht möglich, weil man, wie der Leser weiß, aufgrund des Zeitdrucks mit der Innenschale begonnen hatte. Kein Problem, denn der Zustand der Ausfachungen war so bedenklich, daß man sie ohnehin komplett erneuern mußte. Wenn man sich vorstellt, mit welcher Gewalt die Steine herausgeschlagen und -gemeißelt werden, ist zu verstehen, daß die ebenfalls marode Dachkonstruktion mit Stahlträgern abgesichert werden mußte.

Als nur noch das Holz-Gerippe stand, wurden die Balken, wie zuvor die Ständer im Innern des Gebäudes, hydraulisch angehoben und unten abgeschnitten. Dadurch, daß sie zwei Jahrhunderte un-

8

10

9

11

geschützt 40 Zentimeter tief im Boden eingegraben waren, fielen sie der aufsteigenden Feuchtigkeit zum Opfer. Verstärkt wurde der Fäulnisprozeß durch eine fehlerhaft installierte Dachrinne, die das Regenwasser direkt an das alte Mauerwerk heranführte. Die abgeschnittenen Balken wurden durch das Anschuhen neuer Holzteile wieder auf die erforderliche Länge gebracht. Als glücklicher Zufall erwies sich hier, daß der beauftragte Zimmermann 10 Jahre abgelagertes Eichenholz vorrätig hatte. Durch sein Alter arbeitet dieses Holz nicht mehr so stark, wodurch sich Rißbildung weitgehend ausschließen läßt. Außerdem war seine Struktur ähnlich wie die der vorhandenen alten Balken.

Nächster Schritt war die Erstellung der Fundamente, auf denen die Außenwände ruhen sollten. Auch diese Arbeit erwies sich als nicht ganz einfach, weil man hierbei auf großformatige Findlinge stieß, die zuvor als „Fundament" gedient hatten. Doch schließlich schaffte man es, einen umlaufenden, 70 Zentimeter tiefen Schacht auszuheben, der mit Beton vergossen werden konnte. Auf das ausgehärtete Fundament wurde zunächst eine bituminöse Feuchtigkeitssperre aufgestrichen.

In der Gegend ist es üblich, das Fachwerk nicht direkt auf das Fundament, sondern auf sogenannte Plinten zu stellen. Hierbei handelt es sich um Sandstein, der mit einer Kantenlänge von 16 x 16 Zentimeter in unterschiedlichen Längen zugeschnitten wird. Nach außen hin wird der Stein abgeschrägt, also „gefast", damit Wasser ablaufen kann. Die Plinten werden mit Mörtel auf das Fundament gesetzt.

Im letzten Teil der Serie beschrieben wir die Funktion der „Z"-Folie, die beim zweischaligen Mauerwerk Feuchtigkeit von innen nach außen leitet: Sie wurde bei der Erstellung der Innenwand auf die erste Steinreihe gelegt, nun bei der Außenschale nach unten über die Plinten geführt. Darauf setzte der Zimmermann den neuen unteren Querbalken des Fachwerks, der durchlaufend verzahnt aus Einzelteilen zusammengefügt war. Auf den Querbalken wurde die erste Steinreihe gesetzt. Dann konnte man die Stützen entfernen, mit denen die Balken für die Sanierung angehoben worden waren. Neu beschuht stehen

sie nun sicher auf den Plinten. Schließlich konnten die Gefache vermauert werden.

Auch hierfür setzte man die bewährten Porenbetonsteine ein. Die Steine wurden zwei Millimeter nach hinten versetzt, damit sie nach dem Verputzen in einer Ebene mit den Balken liegen. Auch den Anschlüssen der Ausfachungen an die Holzkonstruktion mußte besondere Aufmerksamkeit geschenkt werden, weil hier Baustoffe mit sehr unterschiedlichen bauphysikalischen Eigenschaften verbunden wurden – Holz „arbeitet", Porenbeton dagegen nicht. Um zu verhindern, daß die Ausfachungen beim Schwinden des Holzes ihren Halt verlieren, wurden seitlich und oben Dreikantleisten mittig auf die Balken des Fachwerks genagelt, mit rostfreien Nägeln versteht sich. Zur Aufnahme der Leiste benötigen die an das Gefach angrenzenden Steine eine dreieckige Nut. Diese wurde vor Ort mit der Bandsäge erstellt.

Zusätzlich verankerte man die Ausfachungen mit angeschraubten Winkellaschen. Bevor man mit dem Ausmauern begann, hat man die Balken mit einem Holzschutzmittel gestrichen. Diese Maßnahme empfiehlt sich bei direkt der Witterung ausgesetzten Holzbauteilen.

Für die Hinterlüftung des zweischaligen Mauerwerks kamen handelsübliche Lüftersteine aus Beton zum Einsatz. Die in den Steinen integrierten Fliegengitter verhindern, daß sich Insekten zwischen den Wandschalen einnisten. Die Steine fielen später nicht mehr auf, weil sie weiß gestrichen wurden.

Auch der Putz gehört beim Hebel System dazu: Er ist exakt auf die Steine abgestimmt, wodurch Rißbildung weitgehend auszuschließen ist. Zum Einsatz kam der Außenputz WA, der einen weiteren Vorteil bietet: Er ist so weiß, daß er nicht überstrichen werden muß. So konnte nicht nur Material gespart, sondern auch Zeit gewonnen werden. Wer in dieser Jahreszeit – mittlerweile war es November – schon einmal ein Haus verputzt hat, weiß, daß das Wetter immer wieder einen Strich durch die Rechnung macht. So konnte man auch hier nur stundenweise an den der Sonne zugewandten Seiten arbeiten.

Ein besonderes Erlebnis war es für die Bauherrschaft, als alle Außenwände in neuem Glanz erstrahlten. Nun hatte man zum ersten Mal das sichere Gefühl, daß man es schaffen würde.

Individuell gefertigte Treppenstufen wurden nur verklebt

Ein Vorteil von Bauteilen, die im System angeboten werden, ist einerseits die homogene Bauweise – es kommt nicht zu spannungsbedingten Rissen. Andererseits konnte man hier die seitlichen Auflagerwände wie gewohnt hochmauern und für das Verkleben der Treppenstufen denselben Dünnbettmörtel verwenden.

8 Die Maueranker müssen nach unten gerichtet sein, damit sie Feuchtigkeit nach außen ableiten.
9 Zwischen den beiden Wandschalen wurde eine zusätzliche Dämmschicht angeordnet.
10 Hier entsteht die neue Fensterfront. Sie ist mit der alten nicht deckungsgleich.
11 Nachdem die „Plinten" vermauert waren, wurde die „Z"-Folie aufgelegt. Darauf kam zunächst der untere Querbalken des Fachwerks, dann die erste Steinreihe des Mauerwerks.
12 Die Steinwollmatten von Rockwool wurden zweilagig im Verband verlegt. Sie werden von den Mauerankern aufgenommen.
13 Die tellerförmigen Halter, die über die Maueranker geschoben werden, halten die Dämm-Matten dicht auf der Innenschale.
14 Die Ausfachungen wurden im Verhältnis zu den Balken 2 mm nach hinten versetzt, um die Putzdicke auszugleichen. Dieser wird hier aufgebracht.
15 Solange der Putz noch feucht ist, läßt er sich mit einem feuchten Lappen von den Balken wischen.

1 Vom alten Dachstuhl blieb nur noch wenig übrig. Zur Herstellung der Standfestigkeit mussten fast alle Sparren ersetzt werden.

Dichten und dämmen muss man einen Dachstuhl, damit er das Gebäude vor Witterungseinflüssen schützt und keine wertvolle Heizenergie übers Dach verlorengeht. Bei diesem alten Kotten mussten auch die maroden Sparren ausgetauscht werden ■

Vom alten Dach war wenig zu gebrauchen

Die alten Fachwerkwände hatte man restauriert – die Ausfachungen herausgeschlagen, die Balken saniert, neue Ausfachungen gemauert und teilweise verputzt. Das Haus sah schon fast fertig aus. Doch der Schein trog. Denn nun stand eine weitere große Sanierungsmaßnahme an: die Erneuerung des Dachstuhls. Das bisher ungedämmte Dach, bei dem selbst die Abdichtung fehlte, war so marode wie alles andere an dem Gebäude.

Hätte man den Dachstuhl einfach komplett abtragen und neu errichten können, hätte man viel Zeit und Nerven gespart. Aber wie der Leser der

2 **Vorsichtige Vorgehensweise war angesagt, damit nicht der ganze Dachstuhl ins Wanken geraten und einstürzen würde.**
3 **Deshalb konnten die alten, maroden Sparren nur einzeln, Schritt für Schritt gegen neue ausgetauscht werden.**
4 **Begonnen hatte man mit der Wetterseite, um auf den neuen Sparren sofort die Unterspannbahn befestigen zu können und das Dach auf diese Weise dicht zu machen.**
5 **Die alten und die neuen Balken, die später im Raum sichtbar bleiben würden, hat man sandgestrahlt und dadurch angepaßt.**

Serie weiß, bestand durch die Auflagen des Landschaftsschutzes hier nur die Möglichkeit, die alte Bausubstanz schrittweise durch neue zu ersetzen, wobei die äußere Gebäudehülle zu keinem Zeitpunkt einstürzen durfte.

Der nächste Schritt sah für die Bauherrschaft wie ein Rückschritt aus und drückte wieder auf die Stimmung. Denn nun wurde das Dach abgedeckt und das alte Gebälk freigelegt. Auch ohne das Urteil des Zimmermanns war offensichtlich, daß ein Großteil der Sparren ihre Tragfähigkeit verloren hatte. Mit äußerster Vorsicht mußte man die Ziegel auf beiden Seiten gleichmäßig entfernen, um zu verhindern, daß der Dachstuhl einstürzte. Und gerade als die Dachdeckung abgetragen war und alles offenlag, begann es in Strömen zu regnen – auf die neuen Innenwände und auf den Betonboden, wo das Wasser in Kürze zehn Zentimeter hoch stand. Doch die Einsatzbereitschaft der Zimmerleute war ungebrochen. Innerhalb von drei Tagen wurde das Dach wasserdicht gemacht.

Nur wenige Sparren waren noch brauchbar, die meisten mußten Stück für Stück ausgetauscht werden. Dann wurde die Unterspannbahn auf den Sparren verlegt – natürlich zuerst auf der Wetterseite. Man hat sich für eine diffusionsoffene Unterspannbahn entschieden, weil man so auf die Hinterlüftung der Dämmung verzichten und die volle Sparrentiefe für die Dämmung nutzen konnte. Auf diese Weise war keine zusätzliche Dämmung unterhalb der Sparren mehr erforderlich. Zum Einsatz kam eine Delta-Bahn von Dörken, ein hochreißfestes Polyestervlies mit diffusionsoffener Polyurethan-Beschichtung. Diese Dachbahn bietet eine Reihe weiterer Vorteile, die dafür sorgen, daß die Wärmedämmung im Dachaufbau trocken bleibt.

Die Unterspannbahn verfügt durch ihren zweischichtigen Aufbau unterseitig über eine Feuchtespeicherfläche, die im Extremfall Feuchtigkeit aufnehmen und später allmählich wieder nach oben abgeben kann. Ihre hohe Diffusionsfähigkeit gewährleistet eine sichere Ableitung auftretender Feuchtigkeit. Die Unterspannbahn ermöglicht durch ihre hohe Festigkeit darüber hinaus kantengenaues Abrollen in Längs- und Querrichtung und eine schnelle und leichte Verarbeitung. Bei Bauteilen, die durch die Dachfläche hindurchgeführt sind – Gaube und Schornstein – wird die Unterspannbahn so hochgeführt und befestigt, daß Regen und Schnee nicht eindringen können. Firstseitig hat man oberhalb dieser Bauteile aus der

Sandstrahlen für die alten und neuen Balken

Indem man nicht nur die alten Sichtbalken mit Sandstrahlen von Schmutz und Farbresten befreit und so ihren ursprünglichen Farbton wieder zum Vorschein bringt, sondern auch die neuen auf diese Weise behandelt, kann man altes und neues Holz in seiner Struktur angleichen. Dann sind kaum noch Unterschiede erkennbar.

6 **Die Dämmkeile aus Steinwolle lassen sich durch ihre Form an die Breite eines jeden Sparrenfeldes anpassen. Die überstehenden Ecken werden einfach mit dem Messer abgeschnitten. Trotz Hautfreundlichkeit des Materials sollte man mit Handschuhen arbeiten.**
7 **Die Dämmkeile wurden zweilagig zwischen den Sparren verlegt – eine weitere Maßnahme zur Vorbeugung gegen Dämmlücken.**
8 **Dann wurde die Unterkonstruktion für den Drempel gebaut.**

Folie eine Rinne geformt, um Wasser ins benachbarte Sparrenfeld abzuleiten. Auf die Unterspannbahn wurde dann die Konterlattung zur Aufnahme der Dachziegel genagelt. Das Dach wurde stilgerecht mit Tonziegeln von Heisterholz eingedeckt.

Steinwolle als Dämmaterial hatte sich schon beim Aufbau der zweischaligen Außenwand bewährt, nicht zuletzt auch deshalb, weil sie sich ohne wesentliche Hautreizungen verarbeiten läßt. Dort hatte man zwischen den beiden Wandschalen eine zusätzliche, zweilagige Dämmschicht angebracht.

Da sich Steinwolle durch gute Wärme- und Schalldämmeigenschaften auszeichnet und darüber hinaus in hohem Maße alterungsbeständig ist, wollte man dieses Material auch für die Dämmung des Daches einsetzen. Weiterer Vorteil: Steinwolle gilt als nichtbrennbar, weil ihr Schmelzpunkt über 1000 Grad Celsius liegt – ein wesentlicher Sicherheitsfaktor.

Gerade im Altbau kommt es häufig vor, dass der Abstand zwischen den einzelnen Sparren unterschiedlich groß ist. Würde man also herkömmliche Dämmplatten verwenden, müßte man diese für jedes Sparrenfeld individuell zuschneiden – eine Dämmfuge von wenigen Millimetern kann verheerende Folgen haben. Weil man bei diesem 200 Jahre alten Kotten vor demselben Problem stand, entschied man sich für die Dämmkeile von Rockwool, die dreieckig zugeschnitten sind. Diese Form macht die Dämmplatte besonders verlegefreundlich: Indem man zwei Keile an der Längsseite diagonal gegeneinander verschiebt, bringt man sie auf die gewünschte Dämmplattenbreite. Die nun überstehenden Ecken des Dämmkeilpaares kann man dann einfach mit dem Messer abschneiden.

Aufgrund seiner Elastizität ließ sich der Keil fugendicht und ohne zusätzliche Befestigung einbauen. Durch seine Steifigkeit bleibt er auch im montierten Zustand formstabil. Den Verschnitt, der beim Anpassen entstand, konnte man für die Dämmung zwischen dem äußeren Sparren und der Giebelwand verwenden. Die Dämmung wurde zweilagig ausgeführt. Ein weiterer Punkt, der bei der Bauherrschaft für die Dämmkeile sprach, war die Tatsache, daß das Material sehr leicht im

Dämmung mit kaschierten Platten aufstocken

Wenn zwischen den Sparren aufgrund zu geringer Sparrentiefe keine ausreichend dicke Dämmschicht möglich ist, kann man zum Beispiel mit „Formrock"-Steinwollplatten von Rockwool aufstocken: Diese vlieskaschierten Platten werden zwischen den Konterlatten auf der Dampfbremse eingeklemmt. Sie können direkt mit Gipsplatten oder Paneelen beplankt werden.

9 Damit die Dämmung trocken bleibt, muss raumseitig eine Dampfsperr-Folie angebracht werden. Sie wird auf die Sparren getackert.
10 Nach der Montage der Dampfsperre sind alle Nahtstellen sorgfältig abzukleben.
11 Dann wird die Konterlattung befestigt, die die Beplankung aufnimmt.

12 Auf die Unterspannbahn wurde eine Lattung zur Aufnahme der Dachziegel genagelt.
13 Das Dach deckte man mit schwarz lasierten Tonziegeln ein, die sehr schön zu dem alten Kotten passen.

Do-it-Yourself-Verfahren zu verarbeiten ist. Auf diese Weise konnte man zumindest mit anpacken und den Arbeitsablauf beschleunigen.

Die Dampfsperre wurde raumseitig aufgetackert und verklebt, nachdem die Sparrenfelder in voller Tiefe mit den Steinwoll-Dämmkeilen ausgefüllt waren. Bei der Dampfsperre handelt es sich um eine luftundurchlässige Kunststoffolie, die dafür sorgt, daß kein Wasserdampf in die Dämmung und in das Dach eindringt. Da nur eine vollkommen luftdicht verklebte Dampfsperre diese Aufgabe erfüllt, war hier besonders sorgfältiges Arbeiten erforderlich.

So wurden die um etwa zehn Zentimeter überlappenden Bahnen, von oben beginnend, horizontal zum Dach auf die Sparren getackert. Abschließend hat man die Anschlüsse mit einem doppelseitigen Klebeband luftdicht miteinander verklebt. Der nächste Schritt bestand darin, ein Komprimierband parallel zum Dach an der Giebelwand anzubringen. Darüber wurde dann die Dampfsperre mit einer Dachlatte fixiert.

Nachdem die Dampfsperre flächendeckend und dicht verlegt war, nagelte man quer zu den Sparren eine Konterlattung auf, an der später die Gipsplatten befestigt werden sollten. Auch dieser Arbeitsschritt mußte mit Sorgfalt ausgeführt werden, denn jeder Nagel, der zwangsläufig durch die Folie geschlagen werden mußte, ließ eine undichte Stelle entstehen. Und diese war nachher mit Klebeband wieder abzudichten.

Für die Beplankung des Kniestocks und der schrägen Wände kamen Gipsplatten von Knauf zum Einsatz. Sie sind nichtbrennbar, formbeständig, stabil und belastbar und tragen außerdem zur Schalldämmung bei. Um absolute Dichtigkeit herzustellen, wurden die Platten zweilagig mit versetzten Fugen auf die Konterlatten geschraubt.

Später, als auch die Zwischenwände – mit Gipsplatten beplankte Metallständer – aufgestellt waren, hat man dann alle Fugen verspachtelt, die Platten mit Tiefengrund behandelt und mit Dispersionsfarbe gestrichen.

Nun sah das Obergeschoß schon etwas wohnlicher aus. Und das wiederum steigerte die Arbeitsmoral. Denn schließlich gab es noch einiges zu tun.

Die äußere Hülle des alten Kottens ist saniert und mit Fenstern und Türen geschlossen. Im Innern wird nun die Fußbodenheizung verlegt – ein Wasser führendes System mit Kupferrohren. Darunter: doppelte Dämmlage. Darüber: ein Fließestrich, der sofort beheizt werden kann und schon nach wenigen Stunden belastbar ist. So wurde der Baufortschritt wieder einmal beschleunigt ■

Jetzt gibt's wohlige Wärme von unten

1 Unter den Heizungsrohren aus Kupfer wurde eine doppelte Dämmschicht verlegt, womit man den erhöhten Anforderungen an den Wärmeschutz bei der Dämmung gegen Erdreich gerecht wurde. Die Zusatzdämmplatte ist über 50 mm dick.
2 Die aufkaschierte Folie der zweiten Polystyrolplatte sorgt dafür, daß keine Feuchtigkeit vom Estrich in die Dämmung eindringt.

Für die Bauherrschaft bestand kein Zweifel darin, daß sie ihr „Hexenhäuschen" mit einer Fußbodenheizung ausstatten wollten. Dafür sprachen die sehr angenehme Strahlungswärme von unten und das gesunde Raumklima. Außerdem stellen Fußbodenheizungen als Niedertemperatursysteme eine ideale Ergänzung zur energiesparenden und emissionsarmen Brennwerttechnik dar – der wandhängende Gas-Heizkessel von Buderus fand durch seine kompakte Bauweise bequem unter der Treppe Platz. Dennoch wollte man nicht ganz auf Heizkörper verzichten. Sinnvoll positioniert heizen sie bei Bedarf mal schnell einen Raum auf, während Fußbodenheizungen sowohl beim Aufheizen als auch beim Abstellen etwas träger reagieren. Zum Einsatz kam hier ein Wasser führendes System mit Kunststoff ummantelten Kupferrohren von Cuprotherm.

Zum Gesamtsystem, für das der Hersteller im Zweifelsfalle haftet, gehören auch die Dämmung sowie die Rohrhalterungen und die Verbindungen. Kupferrohre wollte man deswegen haben, weil sie sich in jahrzehntelangem Einsatz bewährt haben. Sie sind diffusionsdicht, wodurch das Eindringen von Sauerstoff aus der Luft verhindert wird. Verschlammungen der Anlage, die letztlich zum Ausfall führen würden, sind damit quasi ausgeschlossen. Die Heizungsrohre wurden in 50-Meter-Ringen geliefert und ließen sich mühelos verlegen. Die Verbindungen wurden gelötet, wodurch man auch Verschnittstücke verarbeiten konnte.

Die Systemplatte aus besonders druckfestem Polystyrol, auf der die Rohre verlegt wurden, ist oberseitig mit Folie kaschiert. Sie verhindert, daß Feuchtigkeit vom Estrich in die Dämmung eindringt. Durch das aufgedruckte Verlegeraster werden ohne großen Aufwand gleichmäßige Verlegeabstände erzielt.

Bei den Zwischengeschoßdecken bietet diese Platte ausreichenden Wärme- und Trittschallschutz. Hier, wo man gegen Erdreich dämmen mußte, war jedoch erhöhter Wärmeschutz erforderlich, den man mit einer zusätzlichen, zum System gehörenden Dämmplatte erzielte. Die oben liegende Metallschicht reflektiert die Wärme der Heizschlangen.

Zum Schutz vor aufsteigender Feuchtigkeit wurde zunächst auf dem Beton-Rohboden eine Schweißbahn verlegt. Der Randdämmstreifen entlang der Wände sorgt für nahtlose Dämmung an den Anschlußstellen. Anschließend wurde die Zusatzdämmplatte, darauf dann die eigentliche Systemplatte verlegt.

Mit einem speziellen, den Arbeitsfortschritt beschleunigenden Setzgerät wurden die Rohre befestigt.

Nun konnte der Fließestrich aufgebracht werden. Man entschied sich für den FE 25 von Knauf, der eigentlich nur in Objektbereichen verwendet wird, wo kurze Bauzeiten das Maß aller Dinge sind. Vorteil: Die Fußbodenheizung konnte schon während der Verlegung des Estrichs in Betrieb genommen werden und dadurch die Trocknung beschleunigen. Wieder einmal hatte man Zeit gewonnen. Doch ganz ohne Pannen sollte es auch hier nicht abgehen: Jetzt wurde festgestellt, daß der Rohboden erhebliche Höhendifferenzen aufwies. Deshalb mußten alle bereits eingebauten Türen wieder ausgebaut und höher wieder eingebaut werden. Dies hatte zur Folge, daß die errechnete Estrich-Menge nicht ausreichte. Doch auf den Lieferanten war Verlaß.

Das Material wurde schon am nächsten Morgen geliefert, so daß die zweite Lage Estrich mit nur wenigen Stunden Zeitverlust aufgebracht werden konnte – da dieser Fließestrich sehr schnell trocknet, hätte man die zweite Schicht schon nach drei Stunden verlegen können.

Nach acht Stunden war der fertige Boden voll belastbar, die nächsten Arbeiten konnten folgen.

5

6

7

8

3 Hier sieht man das aufgedruckte Verlegeraster für die Heizungsrohre. Es sorgt für gleichmäßige Abstände, ohne daß immer nachgemessen werden muß.
4 Die 14 x 0,8 mm Kupferrohre wurden in handlichen 50-Meter-Ringen geliefert. Um Zeit zu sparen, hat man sie mit einem Setzgerät auf den Platten befestigt.
5 Anschließend konnte der Fließestrich mit Schläuchen aufgebracht werden.
6 Hier waren zwei Mann im Einsatz – einer führte den Schlauch, der andere sorgte für die gleichmäßige Verteilung des Materials. Dabei wurde ständig die Einbauhöhe mit dem Nivelliergerät überwacht.
7 Die letzte Kontrolle machte der Chef persönlich.
8 Der Rohboden wies Höhendifferenzen von bis zu 4 cm auf, die mit dem Fließestrich ausgeglichen werden konnten.

1 In unserem „Hexenhäuschen“ entstand eine traumhaft schöne Küche mit allem, was dazugehört: Kochinsel, Bartresen und viel Stauraum.

Sicherlich war der Zeitpunkt für den Einbau der Küche etwas früh: Noch nicht einmal die sanitären Anlagen waren vorhanden. Aber die Räume im Erdgeschoß waren dicht und sauber, die Heizung funktionierte – und nun wollte man auch kochen können ■

Neue Küche mit Ambiente

Noch vier Wochen bis zum geplanten Einzugstermin und das Haus war eine einzige Baustelle. Man konzentrierte sich deshalb darauf, zunächst das Erdgeschoß halbwegs bewohnbar zu machen. Gerne würde man es dann in Kauf nehmen, die ersten Monate im Gästezimmer zu verbringen, bis in der oberen Etage alles fertig war. Dort sollten Schlafzimmer, Bad und Arbeitszimmer untergebracht werden. Da das Gästezimmer mit eigener Dusche und einem Waschtisch ausgestattet werden sollte, war für die tägliche Hygiene gesorgt. Was fehlte, war also nur noch die Küche.

2 Die dunkelblauen Keramikflächen stehen in ansprechendem Kontrast zum warmen Holzton des Mobiliars. Große Fenster holen viel Licht herein.
3 Die sanierten Holzbalkendecken, die seitlich entlang der Außenwände eingezogen waren, werden zum Gestaltungselement. Dekorative Gegenstände sind dort Blickfang.
4 Das Herz der Küche ist die Kochinsel, wo man elektrisch oder mit Gas kochen kann.

Das alles war zeitlich nur zu schaffen, indem man die sanitären Anlagen und die Küche gleichzeitig einbaute. So hat man auch die Fliesen im Erdgeschoß erst verlegt, nachdem die Küche bereits installiert war – eigentlich baut man eine Küche erst dann ein, wenn alle anderen Arbeiten abgeschlossen sind. Doch die Räume hatten wenigstens Fenster und Türen und die Fußbodenheizung funktionierte auch schon.

Schnell verspachtelte man die Kabelkanäle in den Wänden und zog den Putz auf. Wieder einmal war bei der Wahl der Produkte der Zeitmangel ein ausschlaggebendes Kriterium. Zum Einsatz kam ein einlagiger, schnell trocknender Innenputz von Hebel. Daß der Termin eingehalten werden konnte, war letztendlich auch dem Stuckateur zu verdanken, der trotz eisiger Kälte täglich schon um fünf Uhr morgens auf der Baustelle war.

Dann kam der große Moment: Der Lkw bahnte sich mühsam seinen Weg zwischen Wiesen und hohen Bäumen zu dem abseits gelegenen Haus und lud eine Unzahl von Einzelteilen auf dem rohen Estrichboden ab. Die Monteure konnten es einfach nicht glauben, daß man eine so hochwertige Küche jetzt schon einbauen wollte. Doch nach wenigen Tagen stand sie – zunächst noch „auf Stelzen“. Nach dem Verfliesen sollte der Sockelbereich dann mit Blenden geschlossen werden.

Die Bauherrschaft hatte sich für eine Alno-Einbauküche mit Erlefurnier-Fronten und matt polierten Nickelgriffen entschieden. Dazu gehören Oberschränke aus Carré-Glas mit Innenbeleuchtung. Gestalterisches Highlight der Ausstattung sind zweifellos die dunkelblauen Keramiflächen. Und die alten Hielen – die seitlich eingezogenen Holzbalkendecken – auf denen früher Heu und Stroh lagerte, erstrahlen nach liebevoller Sanierung in neuem Glanze. Die Spots des Niedervolt-Halogen-Seilsystems setzen alles geschickt in Szene.

Wie der aufmerksame Leser weiß, wird das Haus mit Gas beheizt. So hatte man also die Möglichkeit, nicht nur elektrisch, sondern auch mit Gas zu kochen. Mit einer mitten im Raum angeordneten Kochinsel erhielt dieser Bereich einen eigenen Stellenwert – optisch und funktional. Die Küche wurde genau so, wie sie die Bauherrschaft sich gewünscht hatte: großzügig, offen und kommunikativ. Eine Traumküche eben.

Die Küche „auf Stelzen“ wird im Nachhinein gefliest

Maßgenau wurden die Einzelteile der Alno Wohnküche geliefert. Weil man erst die Küche einbauen und dann den Boden fertigstellen wollte, wurde bei den Sockelfüßen die Höhe des Fliesenbelags (mit Kleberbett) berücksichtigt. Aufwendiger war die Montage der Keramik-Arbeitsplatten von KCH, die inklusive der Spüle jeweils in einem Stück gegossen wurden. So wurde der Fugenanteil gering gehalten. Wo die Anschlüsse nicht millimetergenau paßten, wurde mit der Flex nachgearbeitet. Aus demselben Material entstanden die Fensterbänke und die senkrechten Übergänge zum Arbeitsfeld. Auch der Bartresen wurde mit Keramik-Platte versehen.

1

2

Das „Herdfeuer" war schon vor 200 Jahren der Mittelpunkt des alten Heuerhauses. Damals eine Lebensnotwendigkeit, heute wiederbelebte Vergangenheit. Im Zuge einer traditionsbewußten Sanierung entstand exakt an derselben Stelle ein moderner, offener Kamin als Ort der Entspannung und Meditation ■

Ein Kamin bringt schönen „Feuerabend"

In Westfalen, dort wo das „Hexenhäuschen" unserer Baugeschichte steht, nennt man den Kamin „Herdfeuer". Früher versorgte es die Wohnräume mit Wärme und war ein wesentliches Merkmal solcher Gesindehäuser. Schon deshalb entschied man sich dafür, wieder eine offene Feuerstelle einzurichten – genau an derselben Stelle, mitten im Raum. Aber modern sollte der Kamin sein, technisch vom Feinsten, mit individuellem Design. Bei der Erstellung des Betonbodens hatte man deshalb gleich einen Luftkanal für die Frischluftzufuhr angelegt.

Die Bauherren entschieden sich für ein funktionsfertiges Baukastensystem des Einsatzherstellers Rösler, das in Verbindung mit einem Rösler-

3

Stahlfertigsockel zum Einsatz kam. Der Kamin 75/55 wurde vom Hersteller in einer Sonderhöhe geliefert und gleich vor Ort aufgebaut. Der Feuerraum aus sechzehn hochge-

Das große Bild zeigt das Endergebnis: ein Design-Objekt als Blickfang. So wurde der Kamin aufgebaut:

1 Herz der Anlage ist der Feuerraum aus hochgebrannten, wärmespeichernden Schamotte-Elementen.

2 Die Abgasführung aus 3 mm starkem Stahlblech als oberer Abschluß der Feuerung ist mit 45 Grad strömungsgünstig ausgelegt.

3 Auf den Rauchsammler wird ein dreischaliger Schornstein mit innerem Rohr, Dämmung und äußerem Edelstahlrohr aufgesetzt.

4 Der Kamin von Rösler wurde mit Hebel-Porenbetonsteinen ummauert.

brannten, wärmespeichernden Schamotte-Elementen wurde mit dem mitgelieferten Spezial-Schamottemörtel zusammengebaut. Dieser offene Kamin hat einen ganz besonderen Vorteil: Der Aschetopf, in den die Asche über einen Guß-Kippdeckel eingefüllt wird, ist im Feuerraumboden versenkt. Man kann ihn herausnehmen, ohne daß Staub und Schmutz in den Raum gelangen. Damit der Kamin „gut zieht", ist er mit einem großvolumigen Rauchsammler mit strömungsgünstiger Abgasführung aus 3-Millimeter-Stahlblech ausgestattet.

Da der zuständige Bezirksschornsteinmeister derjenige ist, der eine Feuerungsanlage nach der Montage abnimmt, hatten ihn die Bauherren von Anfang an bei der Planung einbezogen – die erste Maßnahme war der erwähnte Luftkanal. Um Zugerscheinungen durch den eintretenden Luftstrom zu vermeiden, baute man später am Kamin den Drehschieber/DBP von Rösler ein, bei dem die Luft wie durch eine Luftschleuse unmittelbar vor der Feuerung einströmt.

Ein weiterer Punkt ist der Schornstein. Weil an den Schornstein beziehungsweise an die Abgasleitung einer Zentralheizung keine zusätzlichen Feuerstätten angeschlossen werden dürfen, benötigt jeder offene Kamin und jede Sonderfeuerstätte einen eigenen. Als „Rauchrohr", das zugleich als Schornstein dient, entschied man sich für einen dreischaligen Edelstahlkamin des Herstellers Live. Dieser übernimmt im Wohnraum durch seine Hochglanz-Optik auch eine gestalterische Funktion. Außerdem verdeckt er das dünnere Abgasrohr des dahinter positionierten Brennwertgerätes.

Eine der wesentlichsten brandschutztechnischen Vorschriften ist die Dämmung umgebender Bauteile. Hier mußten die Wände hinter dem Kamin sowie die Decke darüber mit einer mindestens zehn Zentimeter dicken Mineralwolldämmschicht isoliert werden. Wieder einmal kamen Rockwool-Platten zum Einsatz. Mit der Fundamentplatte als tragfähigem Unterbau und den Fliesen als nichtbrennbarem Bodenbelag wurde man auch diesen Anforderungen gerecht. Seine endgültige Form erhielt der Kamin durch die Ummauerung mit Porenbetonsteinen von Hebel, die, um die Optik abzurunden, mit einer satinierten, aus zwei Teilen bestehenden Edelstahlblende verkleidet wurde.

In Zukunft wird man sich, um es in den Worten von Rösler zu sagen, „viele erholsame Feuerabende" gönnen können.

5 Die Edelstahl-Verkleidung wurde mit vorgebohrten Löchern geliefert. Diese Befestigungspunkte übertrug man auf die Kaminummauerung, wo anschließend die Dübel gesetzt wurden. Die beiden Schilde sollten mit sichtbaren Hutmuttern angeschraubt werden.

6 Der „letzte Schliff": Die satinierten Edelstahl-Schilde werden vom Bauschmutz befreit.

Feuerschutzwand F 90 ist beim Deckendurchbruch vorgeschrieben

Wenn ein Kamin durch eine Decke geführt wird, muß eine Feuerschutzwand der Feuerwiderstandsklasse F 90 („feuerbeständig") nach DIN 4102 erstellt werden. Damit ist gewährleistet, daß das Bauteil im Brandfall mindestens 90 Minuten dem Feuer widersteht. Hier kam ein Produkt des Herstellers Knauf zum Einsatz.

Das große Bild rechts zeigt die Farbstimmung des Schlafraums: ein Linoleumboden in sanften Apricottönen mit mintgrünem Fries.
1 Über der Dämmung zwischen den Sparren wurde eine Dampfsperrfolie montiert. Die Konterlattung nimmt die Beplankung auf.
2 Leichtbauwände trennen die Räume im OG: Zunächst werden die Rahmenprofile der Unterkonstruktion angedübelt.
3 Wenn die Ständerprofile eingesetzt sind, schließen Gipsplatten die neuen Wände.

4 In allen Räumen des OGs wurde zunächst eine Dampfbremsfolie verlegt. Im Schlafraum, wo ein Trockenestrich vorgesehen war, wurde als nächste Schicht eine Trockenschüttung aufgebracht.

Eingezogen war man bereits – gewohnt wurde vorerst allerdings noch im Gästezimmer. Nun endlich sollte auch das Obergeschoß mit Schlafraum und Arbeitszimmer ausgebaut werden ■

Das Obergeschoß wird auch bewohnbar

Was wünschen sich Bauherren sehnlicher, als endlich im eigenen Schlafzimmer schlafen zu dürfen und nicht jeden Morgen erst einmal über Berge von Baumaterial balancieren zu müssen, zur Gästetoilette, die vorübergehend als Badersatz dient? Da diese Räumlichkeiten und ein Arbeitszimmer im Obergeschoß vorgesehen waren, mußte man vorerst noch etwas Geduld haben.

Gleich nachdem das Dach von außen fertiggestellt war, hatte man die Dämmung zwischen den Sparren mit Dampfsperrfolie und Konterlattung ausgeführt, so daß geheizt werden konnte. Der Leser erinnert sich, die Fußbodenheizung im Untergeschoß funktionierte bereits. Nun wurden zusätzlich einzelne Heizkörper installiert und gleichzeitig mit dem Ausbau des Dachgeschosses begonnen.

Zunächst beplankte man die schrägen Wände mit Gipsplatten. Wie überall im Haus setzte man auch hier auf Perfektion: Um absolute Dichtigkeit zu erzielen, montierte man

5 Das Material wurde etwa zwei Zentimeter hoch aufgeschüttet und mit einer Richtlatte über zwei Abziehlehren planeben abgezogen.
6 Dann wurden Gipsfaser-Bodenelemente in zwei Lagen fugenversetzt verlegt. Die zweite Plattenebene wird aufgeklebt.

die Platten zweilagig mit versetzten Fugen. Als dann auch die Zwischenwände standen, wirkte das Obergeschoß auf einmal richtig wohnlich. Zum Einsatz kamen Wände in Leichtbauweise des Herstellers Knauf, weil die Ständermontage schnelles und sauberes Arbeiten ermöglicht und solche Wände die Geschoßdecke nicht unnötig belasten. Hierbei wird eine Metallunterkonstruktion mit Gipsplatten beplankt. Natürlich wurden auch hier wieder zwei Plattenlagen ausgeführt. Bei der Wandseite zum Bad wurde als zweite Lage eine spezielle feuchtraumgeeignete Platte verwendet. Anschließend wurde in allen Räumen eine Dampfbremsfolie auf dem Rohboden verlegt. Das war der Stand der Dinge beim Einzug.

Die Räume im Obergeschoß erhielten jeweils einen nutzungsorientierten Bodenbelag. Im Arbeitszimmer sollte dieser strapazierfähig, pflegeleicht und dabei natürlich sein. Also entschied man sich für Ahorn-Parkett mit Hartwachs-Öl-Oberfläche. Zum Einsatz kam 14 Millimeter starkes Osmo Floor Mehrschichtparkett mit 3,4 Millimeter Holzdeckschicht. Es kann mehrfach abgeschliffen werden, doch abgenutzte Bereiche lassen sich auch ohne Abschleifen ansatzfrei nachbehandeln. Im Arbeitszimmer wurde wieder der schnell trocknende Fließestrich FE 25 von Knauf verwendet. Für Trittschalldämmung sorgt zwei Millimeter starker Rollenkork von Osmo.

Fürs Schlafzimmer wählte man Linoleum von DLW. Der Hersteller bietet eine breite Palette von Farben und Mustern, wodurch der Kreativität kaum Grenzen gesetzt sind. Außerdem werden bei der Herstellung weitgehend Naturstoffe verwendet. Der Unterbau erfolgte hier in Trockenbauweise mit speziellen Bodenplatten von Knauf, die auf einer Trockenschüttung zweilagig verlegt wurden.

Der einzige Raum im Obergeschoß, der eine Fußbodenheizung erhalten sollte, war das Bad. Doch darüber lesen Sie im nächsten Teil dieser Serie.

Fußbodenaufbau im Arbeitszimmer

Das Osmo Floor Mehrschichtparkett wurde als Schiffsboden ausgeführt. Die 190 mm breiten Dielen sind mit Nut und Feder ausgestattet und werden in der Nut mit wasserbeständigem, herkömmlichem D3-Weißleim verleimt, dann schwimmend auf einer Korkunterlage als Trittschalldämmung verlegt.

1 Unmittelbar auf die etwa 20 Zentimeter überlappend verlegte Dampfbremsfolie aus Polyethylen wurde im Arbeitszimmer der schnell trocknende Fließestrich FE 25 von Knauf aufgespritzt. Hiermit lassen sich Unebenheiten im Boden ausgleichen.
2 Entlang der Wände waren zur Trittschalldämmung zuvor zehn Millimeter dicke Mineralfaser-Randdämmstreifen angebracht worden. Sie verhindern die Schallübertragung vom Boden auf die Wand. Dort, wo der Treppenaufgang eine Deckendurchführung erfordert, mußte eine provisorische Holz-Schalung montiert werden.
3 Mit dem Besen wurde das zähflüssige Material gleichmäßig verteilt und glattgezogen. Bereits wenige Stunden später war der Estrich trocken. Dann folgte die Korkdämmung, die bahnenweise von der Rolle auf Stoß verlegt wurde. Diese Schicht muß fugenlos bis zur Wand ausgeführt werden.
4 Damit sich der Boden bei höherer Luftfeuchtigkeit bewegen kann, muß eine 15-mm-Dehnungsfuge zu allen Wänden mit Keilen gesichert werden. Beginnend mit der Nut zur Wand werden die Dielen mit verleimter Nut „endlos“ verlegt. So ist der Verschnitt am geringsten.
5 Mit der Hilfe eines langen Schlagholzes und Hammer schlägt man auf der Feder-Seite der Diele jede Reihe fest. Der hierbei austretende Leim muß mit einem nebelfeuchten Tuch sofort entfernt werden.

Das Hexenhäuschen unserer Baugeschichte hält längst schon keinen Dornröschenschlaf mehr. Im Laufe von wenigen Wochen hat es sich zum wahren Traumhaus entwickelt. Auch das Bad ist vom Feinsten ■

Schönes Bad mit Marmor und Edelstahl

Mit dem Ausbau des Bades im Obergeschoß wurde das „Hexenhäuschen“ schließlich zum richtigen Wohnhaus. Mit allem Komfort, den man sich heute wünschen kann. Natürlich sollte es kein Standardbad werden, hatte man doch so viel Energie in die Sanierung des alten Kottens investiert. Jeder, der schon einmal gebaut oder ein altes Haus von Grund auf saniert hat, weiß, daß das Bad eine ganz besondere Herausforderung an die Raumplanung und -ausstattung stellt. Ganz abgesehen von der zu installierenden Sanitärtechnik. Während der Schlafraum da-

1 Der weiße Marmor auf dem Waschtisch setzt das Edelstahl-Einbaubecken gekonnt in Szene.
2 Küchenhersteller Alno lieferte maßgenau auch die Badezimmereinrichtung – mit viel Stauraum. Blickfang: Das Bullauge in der Türe.
3 Die Badewanne fürs Traumbad: Portofino von Duscholux als „Schiff“. Die Seitenwände wurden durch Edelstahlplatten ersetzt.
4 Die Dusche mit zwei Rundbögen aus Glas und zentraler Duschsäule steht mitten im Raum.
5 Die Duschabtrennung aus Glasbausteinen (links im Bild) setzt weitere Akzente.
6 Kleinformatige Terracotta-Bänder aus Italien lockern die weißen Fliesenflächen auf.

neben in schlichter Harmonie gestaltet wurde, wollte man im Bad Akzente setzen und einen Erlebnisraum für Körper, Geist und Seele schaffen.

Am Anfang der Bad-Planung war die Dusche: Life-Corner von Duscholux sollte es sein. Diese schneckenförmige, äußerst geräumige Ganzglasdusche sollte den Mittelpunkt des Bades bilden. Das türlose Gebilde besteht aus zwei versetzten, gläsernen Rundbögen um eine zentral angeordnete Duschsäule. Die seitliche Abmauerung wurde aus Glasbausteinen erstellt, so daß man bei ausreichendem Sichtschutz genügend Licht im Bad hatte. Danach begann die Suche nach geeigneten Badmöbeln – bis man die Idee mit dem Küchenprogramm hatte. So wurde Alno noch einmal bemüht. Der Hersteller lieferte dasselbe Programm wie zuvor für die Küche. Nur anstelle der dunkelblauen Arbeitsplatten wählte man diesmal weißen Marmor. Dazu Edelstahl in allen Bereichen, und schon war die individuelle Kreation „aus einem Guß“ perfekt. Vom Einbaubecken im Waschtisch (von Alape) und allen Accessoires drum herum bis hin zur Badewannenverkleidung fand dieses Material umfassende Verwendung. Aber die Badewanne ist nicht nur deshalb eine Besonderheit: Freistehend, vorne und hinten spitz, teilweise mit Holz verkleidet, hat sie die Erhabenheit eines stolzen Schiffes. Da liegt die Idee, die Türen mit einem Bullauge auszustatten, nicht mehr fern. Man kaufte Türen-Rohlinge ein und überließ die Fertigstellung Sekanta, dem Lieferanten der Kaminverkleidung.

Der Gesamteindruck des Raumes wird aber auch von der Boden- und Wandgestaltung bestimmt. Zum Einsatz kamen weiß glasierte Fliesen, die man mit kleinformatigen Terracotta-Elementen kombinierte – beide natürlich italienischer Herkunft. Die Wände außerhalb des Spritzwasserbereiches wurden mit Rauhfaser tapeziert und weiß gestrichen.

Das Badezimmer wurde als einziger Raum der oberen Etage mit Fußbodenheizung ausgestattet. Zusätzlich installierte man noch zwei schlichte Heizkörper unter den Fenstern. Die Wasser führenden Rohre des Waschtisches wurden sinnvoller Weise in der Leichtbauwand verstaut, weshalb man diese in doppelter Ausführung erstellte.

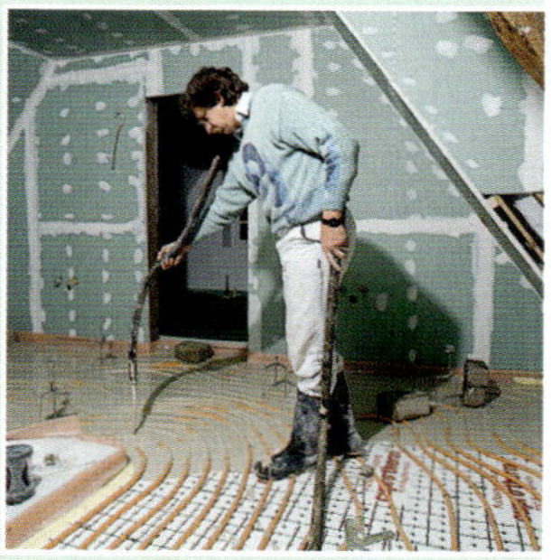

Fußbodenheizung fürs Bad

Eine Knauf Leichtbauwand trennt das Bad vom Schlafraum. Badseitig wurde die zweite Plattenlage mit einer feuchtraumbeständigen Gipsplatte ausgeführt. Auf die Baufolie am Boden kamen, in dieser Reihenfolge, eine Trockenschüttung, die Systemplatten der Cuprotherm Fußbodenheizung, die Wasser führenden Kupferrohre und schließlich der Fließestrich.

1 Bevor die Pflasterarbeiten im Hofbereich in Angriff genommen werden konnten, mußte zunächst einmal das vorgesehene Gelände geebnet werden. **2** Fast wie natürlicher Stein sieht das Betonstein-Pflaster aus. Das grobe Material daneben kann zum Verfüllen tiefer Mulden verwendet werden.

Die Arbeiten am „Hexenhäuschen" waren abgeschlossen. Jetzt kam endlich die Außenanlage an die Reihe: Pflasterbeläge, ein Gartenteich und ein Swimming-Pool ■

Jetzt wird's auch rund ums Haus richtig schön

Endlich, es war so weit. Endlich konnte die Gestaltung der Außenanlage in Angriff genommen werden. Rechtzeitig vor dem Winter wollte man fertig sein, damit man sich im Frühjahr nur noch um die Bepflanzung des Gartens zu kümmern hätte. Schon seit einigen Wochen bewohnte man nun das „Hexenhäuschen", das mittlerweile keinen Komfort mehr entbehrte. Selbst der Giebel hatte mit einem Massivholz-Profil-System von Osmo eine wetterfeste, hinterlüftete Fassadenbekleidung erhalten und schaute mit seinem dunkelblauen Anstrich richtig frisch aus – ein Haus „wie aus der Schale gepellt". Was das Ambiente noch störte, war das zerfurchte Baugelände rund ums Haus, mit hier und da einem Erdhaufen. Schnell schob schließlich der Schaufellader die Erde weg und bereitete den Untergrund für den Pflasterbelag vor.

Man hatte sich für farblich zum Haus passendes, dunkelgraues Betonstein-Pflaster von Nostalit entschieden, das durch seine weich gerundeten Steinkanten fast ein wenig nostalgisch wirkt und so den Charakter des alten Kottens unterstreicht. Die Oberfläche ist angenehm eben, so daß man darauf nicht nur gerne barfuß geht, sondern auch Gartenmöbel und Pflanzkübel einen sicheren Stand finden.

3 Ein tragfähiger Pflasterbelag benötigt einen gut verdichteten Unterbau aus Kies und Schotter. Darauf kommt eine 5 – 15 cm hohe Tragschicht, die in mehreren Lagen aufgebracht und bis zur Standfestigkeit verdichtet wird. Erst dann wird das Pflaster im Pflasterbett verlegt.
4 Das Pflasterbett besteht aus einer 4 cm hohen Schicht aus Sand und Splitt, Körnung 2 – 5 mm.
5 Entlang der Hauswand wurde ein gerader Rand verlegt, der die Fläche optisch einfaßt.
6 An einigen Stellen lassen sich keine ganzen Steine mehr verlegen. Die Steinbrech-Maschine hilft.
7 Weil der vorbereitete Untergrund nicht betreten werden darf, wird „über Kopf", also von der gepflasterten Fläche aus, gearbeitet.
8 An den vorderen Hausecken wurden Rundungen ausgespart. Hier sollen später Pflanzen stehen.

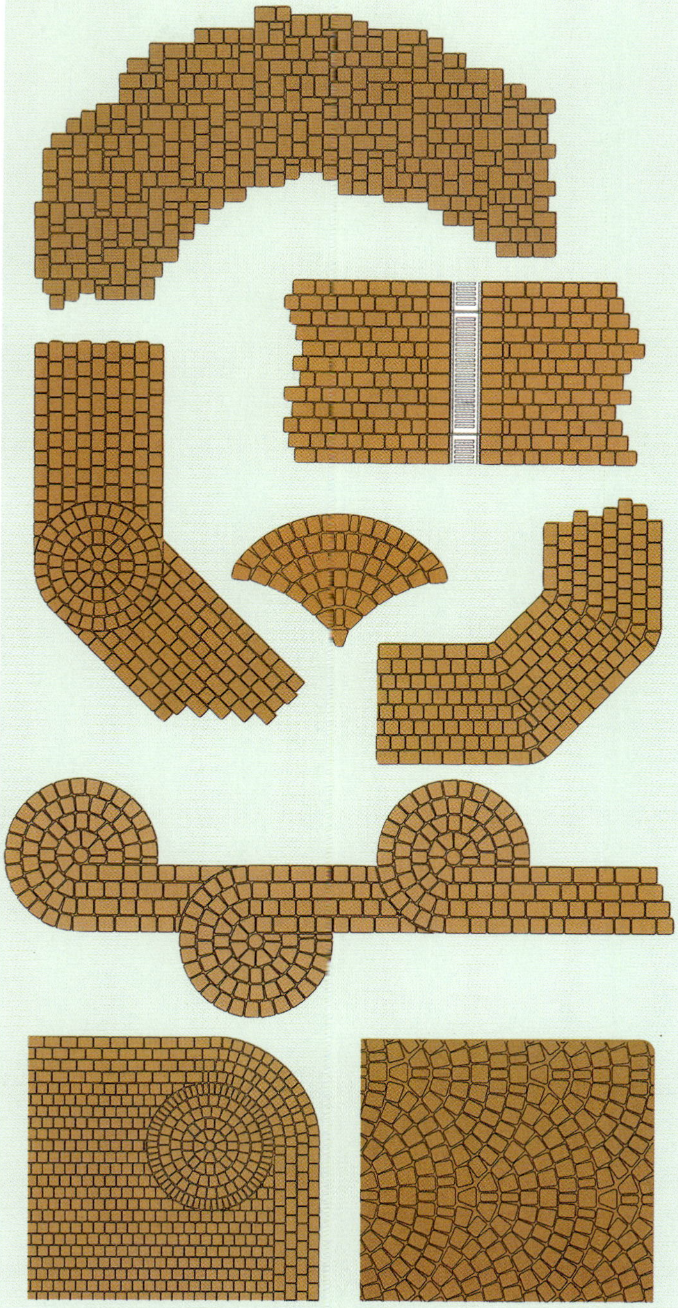

Flächen werden nicht einfach zugepflastert: Musterhaft verlegte Steine haben eine Funktion

Soll der Gesamteindruck einer gepflasterten Fläche Ruhe vermitteln oder eher belebenden Charakter haben? Möchte man einzelne Funktionsbereiche der Außenanlage durch unterschiedlich gestaltete Pflasterflächen optisch trennen? Wird Verspieltheit oder geradlinige Funktionalität bevorzugt? Das Nostalit-Betonstein-Pflaster wird als Baukastensystem mit quadratischen, rechteckigen und keilförmigen Formaten geliefert und läßt sich, wie man an den Verlegemustern erkennen kann, in fast beliebigen Formen arrangieren. Dazu gibt es Palisaden für Stufen und Einfassungen.

Über die Sandfugen läuft Regenwasser schnell wieder ab. Um die Fläche abwechslungsreich und naturnah zu gestalten, wurden die Pflastersteine im Hofbereich an der Südseite des Hauses bogenförmig verlegt. Der Bereich um den Teich wurde begrünt. Auch dieser Teil der Anlage sollte ein Blickfang werden.

Da das Ökosystem eines Gartenteichs umso stabiler ist, je größer er angelegt wird – meist stellt sich das biologische Gleichgewicht in einem großen Gewässer leichter ein, weil hier die biologischen Reinigungsprozesse in größerem Umfang ablaufen – wollte man hier nicht an Fläche sparen. Natürlich muß auch die Tiefe in vernünftiger Relation zur Fläche stehen. Der Teich wurde mit einem Durchmesser von 9 Metern und einer Tiefe von 1,60 Metern optimal dimensioniert. Zum Einsatz kam eine wurzelfeste Teichfolie. Ein Teil der Wasserfläche sollte mit Wasserpflanzen besetzt werden, um die Sauerstoffversorgung des Wassers sicherzustellen: Unterwasserpflanzen entziehen dem Wasser Nährstoffe, wodurch einerseits das Wachstum der Algen eingeschränkt, andererseits die Sauerstoffkonzentration erhöht wird. Großblättrige Schwimmpflanzen, wie etwa Seerosen, beschatten das Wasser und verhindern eine Überhitzung. In einem solchen Teich fühlen sich auch Fische wohl.

10 Die Mühe hat sich gelohnt. So präsentiert sich heute der rund 200 Jahre alte Kotten im Tecklenburger Land in Westfalen. Die Außenanlage mit altem Baumbestand wurde naturnah angelegt.
11 Gezielte Beleuchtung auch im Schwimmbecken sorgt bei Nacht für ein stimmungsvolles Ambiente.

Und was wäre ein Teich ohne Steg? Schon seit Jahrhunderten führen Brücken über künstliche Gewässer. Sie schaffen und verbinden zwei Uferseiten, wodurch die Anlage an Bedeutung gewinnt. Hier wollte man auch einen Freisitz am Wasser schaffen. Der Teich bot die ideale Kulisse für ein Gartenhäuschen. Und einen Abstellraum für Gartenmöbel und diverse Geräte benötigte man natürlich auch. Schließlich fand man in einem Baumarkt in der Nähe einen Bausatz, der als „Amerikanische Scheune“ angeboten wurde und ganz gut zum Stil der Gesamtanlage paßte. Ein weiterer Mosaikstein in der ländlichen Idylle des Anwesens. Am Abend sorgt gezielte Beleuch-

12 An der Südseite des Hauses wurde ein großer Gartenteich angelegt. Das Häuschen für Gartengeräte gleicht einer amerikanischen Scheune.
13 Der Swimming-Pool vor der Terrasse liegt zwar an der Nordseite des Hauses, bekommt aber dennoch genügend Sonne ab.
14 Die Technik fürs Schwimmbad wurde unauffällig in einem hübschen Gartenhäuschen untergebracht.

tung für das entsprechende Ambiente.

Wenn man auf dem Lande in Abgeschiedenheit lebt, sind die Voraussetzungen für einen Entspannungsurlaub zu Hause optimal. Deshalb wollten die Bauherren auch ein eigenes Schwimmbad haben. Als Standort kam nur der Garten hinter dem Haus in Frage. Dort war man einerseits vollkommen abgeschirmt, andererseits konnte man so die Terrasse des Wohngebäudes auch als Liegefläche nutzen – eine großzügige „Badelandschaft“ also. Obwohl man sich hier an der Nordseite des Hauses befindet, gibt es noch genügend Sonne am Pool. So viel, daß man, wie die Bauherrin sagt, ohne Schwimmbadheizung häufig schon im Frühjahr baden kann.

Das Schwimmbad sollte bei allem Komfort erschwinglich sein. So entschied man sich für ein Aufstellbecken, eine Stahlwandkonstruktion mit eingehängter Folie als Beckenauskleidung. Das Becken sollte auf einer Betonfundamentplatte im Boden versenkt werden. Aber wieder einmal machte der hohe Grundwasserspiegel einen Strich durch die Rechnung. Die Tatsache, daß das Becken nicht ganz eingelassen werden konnte, war aber kein Nachteil: Schwimmbadbauer Zodiac-Kern ließ den Beckenrand so weit überstehen, daß eine optimale Sitzhöhe entstand. Dieser wurde mit Porenbetonsteinen von Hebel ummauert und mit ansprechenden Randabschlußplatten belegt. Vorteil der Sitzkante ist auch, daß keine Kleintiere ins Wasser fallen.

Der Randbereich ums Becken wurde freigehalten von Pflanzen. Hier wurden auf einer Unterkonstruktion Holzdielen würfelförmig verlegt. Die Abstände zwischen den einzelnen Dielen sorgen dafür, daß diese stets gut umlüftet werden und schnell wieder trocknen. Außerdem bleibt auf der Oberfläche kein Wasser stehen. Das Schwimmbecken wurde mit Unterwasserscheinwerfern ausgestattet, die das Bad am Abend in ein geheimnisvolles Licht tauchen.

Wenn die Bauherren heute durch ihr Anwesen schlendern, können sie selbst kaum glauben, welche Wandlung ihr einst so verwahrlostes „Hexenhäuschen“ vollzogen hat. Und die Mühen sind fast schon vergessen.

Als die Hausbesitzer die Sanierung des Kottens begannen, war klar, daß später ein Wintergarten angebaut werden sollte. Nachdem etwas Ruhe eingekehrt war, hatten sie Energie für neue Taten ■

Viel Holz und Glas für noch mehr Freizeitspaß

Nun bewohnten die Bauherren schon ein ganzes Jahr ihr „Hexenhäuschen", einen rund 200 Jahre alten Kotten – so werden die Heuerhäuser im Tecklenburger Land (Westfalen) genannt. In mühevoller Kleinarbeit hatten Handwerker und Hausbesitzer in nur neun Monaten das damals marode, eigentlich abbruchreife Fachwerk-Gebäude von Grund auf saniert.

Ein wahres Traumhaus mit allem Komfort war entstanden, eingebettet in ein großzügiges Grundstück mit Gartenteich und Swimming-Pool. Welche Wünsche sollten da noch offen sein? Weil alle sehr unter Zeitdruck standen, war der persönliche Energieeinsatz enorm. Deshalb wollten die Besitzer, als sie eingezogen waren, erst mal ihre Ruhe haben.

Der Glasanbau war von Anfang an in die Planung mit einbezogen worden, was seine Ausführung nun etwas beschleunigte. Er sollte auf die vorhandene Terrasse am Haus aufgesetzt werden.

Als vorbereitende Maßnahme hatten die Maurer deshalb bei der Anlage der Terrasse zunächst ein Ringfundament erstellt, auf das eine Betonplatte verlegt wurde. Damit waren die Anforderungen an einen tragfähigen Untergrund erfüllt. Ursprünglich war er nur für die Überwinterung der Pflanzkübel vorgesehen.

Schließlich entschieden die Hausbesitzer, „Nägel mit Köpfen" zu machen und gleichzeitig neuen Wohnraum zu schaffen, der zu jeder Jahreszeit genutzt werden konnte. An lauen Sommerabenden würden sie dann länger quasi im Freien sitzen und den Blick auf den beleuchteten Swimming-Pool genießen können. Und in der lichtarmen Jahreszeit wären sie ein Stückchen näher an der Sonne. So mußte der Glasanbau einerseits mit einer großen Öffnung zum Garten hin ausgestattet werden. Um aber als Wohnraum genutzt zu werden, waren andererseits eine der jeweiligen Jahreszeit entsprechende Klimatisierung und Belüftung erforderlich. Beschattungsmaßnahmen waren nicht nötig, da der Wintergarten an der Nordseite des Hauses angebaut wurde. Über allem stand die Forderung, daß der Wintergarten optisch nicht die schmucke Fachwerkfassade des alten Kottens zerstören durfte. Als stilgerechte Lösung kam also nur eine Fachwerkkonstruktion in Frage.

Für die Holzkonstruktion von Wintergärten wird heute in der Regel Brettschichtholz, auch „Leimbinder" genannt, verwendet. Es hat den Vorteil, daß es bei schlanker Dimen-

1 Der Wandanschlußbalken der Anbaukonstruktion wurde an der tragenden Struktur des Fachwerkhauses angeschraubt. Die ausgefrästen Zapfenlöcher nehmen später die Zapfen der Querbalken auf.
2 Der Balken muß exakt im Lot stehen.
3 Der Stützpfosten neben der Türöffnung wurde mit den Querstreben verleimt. Die Schraubzwingen sorgen für den Anpreßdruck.
4 Im Gehrungsschnitt wurden die Sparren auf die Pfetten gelegt und mit Schrauben befestigt.

5 Bei einer Spannweite von sechs Meter war ein weiterer Stützpfosten erforderlich. Hier werden die Bohrungen für die Befestigung des Flansches auf dem Belag erstellt.
6 Das Stegblech nimmt später das untere Pfostenende auf und verhindert das Verrutschen des Pfostens.
7 Da das untere Ende der Stütze im Spritzwasserbereich steht, war ein Bitumenanstrich nötig. Das Holz wurde geschlitzt, übers Stegblech geschoben und festgeschraubt.

8 Hier wird die Fachwerkkonstruktion noch abgestützt. Später hat man sie, wie zuvor beim Wohngebäude, mit Sandsteinplatten „untermauert".
9 Jetzt wurden die Kunststoff-Rahmenprofile der Fenster, gehalten von Montagekeilen, an die Holzkonstruktion geschraubt und die Fugen mit PU-Schaum abgedichtet.
10 Von unten hatten die Zimmerleute Vierkant-Leisten an die Sparren geschraubt, auf die die Dachgläser mit Dichtband aufgelegt wurden. Weitere Vierkant-Leisten von oben geben ihnen Halt. Silikon dichtet alles ab.
11 Dann wurde die erste der beiden Falttüren eingesetzt.

sionierung große Spannweiten erlaubt und sich im Gegensatz zu Vollholz nicht verdreht und verzieht. So sind Schäden am Glas, die durch Bewegungen im Holz entstehen könnten, so gut wie ausgeschlossen. Hier entschied man sich für Fichte, die wetterfest behandelt und mit einem zur Fassade passenden Anstrich versehen wurde – Holz und Anstrichmittel kamen von Osmo.

Die Ausführung übernahm ein Zimmermann, mit dem man bereits gute Erfahrungen gemacht hatte. So wurde der Aufbau nach allen wichtigen Regeln des Handwerks ausgeführt – als Fachwerkkonstruktion mit zimmermannsmäßigen „Zapfen"-Verbindungen.

Alle Befestigungspunkte des Wintergartens an der Fassade des Gebäudes mußten an der tragenden Holzkonstruktion des Fachwerks ausgeführt werden, damit die durch den Anbau auftretenden statischen Lasten getragen werden.

So wurden die seitlichen Wandanschlußbalken an den senkrechten Stützen des Gebäudes befestigt, der Wandsparren zur Aufnahme der Dachsparren an der horizontalen Konstruktion.

Abgesehen von den statischen Anforderungen wirkt diese Anbindung an die Fassade auch in optischer Hinsicht sehr harmonisch.

Der Wintergarten mit symmetrischem Aufbau wurde mittig angeordnet. Die tragende Fachwerkkonstruktion wird an der Frontseite über eine Strecke von sechs Meter unterbrochen. Dort hat man zwei dreiflügelige Falttüren eingebaut, die bei Bedarf einfach zur Seite geschoben werden können – durch diese große Öffnung haben Hauseigentümer und die Gäste wirklich das Gefühl, im Freien zu sitzen.

Zur Überbrückung der riesigen Spannweite mußte eine zusätzliche Stütze installiert werden, an der auch die Kunststoffprofile der Türen befestigt werden konnten. Aufgrund des hohen Gewichts des Glasdachs mußte der Stützpfosten nur vor dem Verschieben gesichert werden. Hierfür genügte eine Flansch-Befestigung am vorhandenen Plattenbelag. Oben wurde der Pfosten verzapft.

Der Wandanschluß des Glasdachs an der Hauswand wurde mit Winkelprofilen ausgeführt, die Anschlußfugen wurden mit Silikon abgedichtet. Die Ausfachung der Fachwerkkonstruktion erfolgte mit Kunststoff-Sprossenfenstern von Veka, die auch bei der Gebäudehülle zum Einsatz kamen. So entstand eine gelungene architektonische Gesamtlösung. Alle Fenster einschließlich der kleinen, seitlichen Dreieckfenster lassen sich zum Lüften öffnen.

Nun zur Technik: Eine Klima- und eine Lüftungsanlage sorgen zu jeder Jahreszeit

für ein angenehmes Wohnklima mit entsprechenden Raumtemperaturen, gesunder Luftfeuchtigkeit und frischer Luft. Bei der Klimaanlage entschied man sich für ein System von Lüftomatic, mit dem im Sommer gekühlt, im Winter geheizt wird. Es besteht aus zwei Einheiten: Das Kälteaggregat, der sogenannte Verflüssiger, steht außerhalb des Wintergartens im Freien. Das Innengerät mit Verdampfer und Ventilator wurde an der Wand unterhalb des Glasdachs installiert.

Der Wärmetransport erfolgt über einen geschlossenen Kältemittelkreislauf, wobei in den Sommermonaten der Verdampfer die Raumwärme aufnimmt und über das Kältemittel an den Verflüssiger abgibt.

In der kühlen Jahreszeit arbeitet der Kreislauf umgekehrt, nach dem Prinzip einer Luftwärmepumpe: Nun entzieht der Verflüssiger der Außenluft Wärme und bringt sie über das Kältemittel zum Verdampfer. Die Anlage ist aufgrund ihres günstigen Wirkungsgrades extrem sparsam im Stromverbrauch. Auch die Lüftungsanlage arbeitet vollautomatisch. Sie regelt die Temperatur und die Luftfeuchtigkeit, indem sie über ein in die Dachkonstruktion integriertes Entlüftungsgerät warme Luft abtransportiert und frische Luft von außen nachführt – hierfür wurde im Bodenbereich an beiden Seiten des Wintergartens je ein Nachströmgerät installiert.

Durch diese Anordnung wird diagonal gelüftet, was besonders effektiv ist. In der Übergangszeit wird der Wintergarten ausschließlich von der Sonne beheizt, die Klimaanlage schaltet nur bei großer Hitze und im Winter zum Wärmen an.

12 Die aus drei Glasflügeln bestehenden Falttüren lassen sich, in einer Schiene geführt, wie eine Ziehharmonika zusammenschieben.
13 Als weitere Dämmaßnahme an den Fenstern hat man innen und außen vor den Fensterrahmen zusätzliche Holzlaibungen montiert, die später weiß gestrichen wurden.

14 An der höchsten Stelle im Raum wurde das Entlüftungsgerät ins Glasdach eingebaut, das die verbrauchte, warme Luft abführt.
15 Das geräuscharme Innengerät der Klimaanlage mit Verdampfer und Ventilator wurde unterhalb des Glasdachs installiert.
16 Das Nachströmgerät gehört zur Lüftungsanlage. Es sorgt für Druckausgleich, indem es von außen frische Luft nachführt.
17 Die programmierbare Steuerung der Lüftungsanlage kontrolliert die Luftfeuchtigkeit in Verbindung mit der Raumtemperatur. Ist diese zu hoch, schaltet sich die Anlage ein.
18 Das Außengerät der Klimaanlage, ein Kälteaggregat, fand außerhalb des Wintergartens ein geeignetes Plätzchen.

Unsere Umbau-Serie, in der wir Schritt für Schritt die Sanierung des alten Kottens in Lengerich verfolgten, geht mit diesem Teil zu Ende. Hausbesitzerin Joceline Busch, die hier ein Büro für Fotoproduktion, Konzeption und Interieurdesign eingerichtet hat, war auch für Planung und Entwurf ihres Glasanbaus zuständig. Hier fühlt sie sich mit dem Miteigentümer und Lebensgefährten, dem Fotografen Andreas Schembecker, inzwischen pudelwohl ■

Schöner Wohnraum mit Garten-Anbindung

Nun ist in den alten Kotten im Tecklenburger Land wieder Ruhe eingekehrt. Alle Umbaumaßnahmen sind abgeschlossen und selbst der Wintergarten, der erst ein Jahr später angebaut wurde, ist fertig. Damit entstand ein weiterer Wohlfühlbereich am Haus, der von innen wie auch gartenseits zugänglich ist. Das ehemals unscheinbare, dem Verfall überlassene Gesindehaus bietet heute nicht nur allen erdenklichen Komfort, sondern auch eine Vielfalt an Freizeitmöglichkeiten. Aus dem häßlichen Entlein wurde schließlich ein stolzer Schwan mit respektablem Marktwert. Eine durchaus lohnende Investition.

Seine unmittelbare Nähe zum Schwimmbad und Whirlpool an der Nordseite des Hauses macht den Wintergarten besonders attraktiv. Dort kann man an kühleren Tagen nach dem Baden in windgeschützter Lage entspannen. Am Abend sorgt das angestrahlte Schwimmbecken für entsprechendes Ambiente. Und in der kühleren Jahreszeit genießen die Eigentümer den großzügi-

gen, lichtdurchfluteten Wohnraum, der den Übergang zum Garten fließend werden läßt.

Diese Nutzungsmöglichkeit erfordert natürlich eine entsprechende Ausstattung – zunächst einmal technischer Art. Im letzten Teil berichteten wir im Detail über die Funktionsweise der Klima- und Lüftungsanlagen. Inzwischen wurden zwei weitere Einrichtungen ergänzt: ein Warmluftofen und ein Heizkörper an der Glasfassade.

Trotz vorhandener Klimaanlage entschieden sich die Bauherren zusätzlich für einen Heizkörper. Er wird nur bei Bedarf im Winter zugeschaltet, um die kühlen Glasflächen von unten mit Wärme zu überströmen. Da Radiatoren insbesondere vor Glas häufig als Fremdkörper empfunden werden, wählte man ein zierliches „CityLine"-Modell von Joco, das sich durch seine Bauform mit abgerundeten Ecken und verdeckten Leitungen und Anschlüssen wie ein Einrichtungsgegenstand harmonisch ins Gesamtbild des Raumes einfügt.

Der aufmerksame Leser erinnert sich, daß im Wohnbereich, dort, wo vor 200 Jahren das „Herdfeuer" brannte, wieder eine offene Feuerstelle eingerichtet wurde – aus Liebe zur Tradition einerseits, aus Begeisterung für das Element Feuer andererseits. Denn was kann entspannender sein, als in die tänzelnden Flammen zu sehen und dem Knistern des Holzes zu lauschen? Kurzum, die Bauleute wollten auch im Wintergarten diese Möglichkeit haben, weil man ja nun dort viele Abende verbringen würde. Ein offener Kamin wäre zu aufwendig gewesen, deshalb entschied man sich für einen mit Holz befeuerten kompakten Warmluftofen mit Sichtfenster, das den Blick auf die Brennkammer freigibt. Da jede Sonderfeuerstätte einen eigenen Schornstein benötigt, hatte man im Zuge der Sanierungsarbeiten vorgesorgt. An der Innenseite der Gebäudeaußenwand wurde ein montagefreundlicher, doppelwandiger Elementschornstein von Raab installiert. Er besteht aus einer frei ausdehnbaren Innenschale, einer durchgehenden 30 Millimeter starken Wärmedämmung und einer tragenden Außenschale aus Edelstahl. Die Bauelemente wurden einfach zusammengesteckt und mit Klemmband gesichert. Das Ofenrohr wurde unter Berücksichtigung der brandschutztechnischen Vorschriften durch die Wand geführt.

Das Modell „Bullerjan" ist eigentlich eine kanadische Erfindung. Holzfäller machten

1 Schicke Details verleihen dem Wintergarten eine unvergleichliche Atmosphäre. Hier entstand wieder einmal ein Raum, der unverkennbar die Handschrift seiner Besitzer erkennen läßt.
2 „Xylofon" – ein bezeichnender Name für die Sitzgruppe aus Teakholz-Stäben mit Stahl-Sprossen.
3 Das mobile Kühlgerät „Cool Caddy" ist ganz praktisch – an heißen Tagen hat man stets ein kühles Getränk zur Hand.
4 Ein besonderer Blickfang ist der Warmluftofen „Bullerjan". Im Winter verbreitet er in kürzester Zeit wohlige Wärme. Das Flackern des Feuers schafft Behaglichkeit.

5 Unmittelbar vor dem Anbau befindet sich das Schwimmbad. Weitere Attraktion: der Whirlpool.
6 An der Glasfront wurde ein zierlicher Heizkörper installiert.
7 Thermostat und Entlüftungsventil befinden sich unsichtbar, aber leicht zugänglich an der aufklappbaren Stirnseite.

sich das einfache Heizprinzip zunutze, das von Ingenieuren weiterentwickelt und technisch optimiert wurde: Stahlrohre, in denen Luft zirkuliert, bilden die Außenhaut der Brennkammer. Am Boden wird die kalte Luft angesaugt, in den Konvektionsrohren erwärmt und oben als Warmluft abgegeben. Dieser kontinuierliche Kreislauf erzeugt gleichmäßige Wärme ohne Hitzestau: Durch die dauernde Umwälzung verteilt sich die Luft schnell und gleichmäßig im Raum. Passend zur Einrichtung wählte man ein Design in Edelstahl-Optik mit Lochblechverkleidung. Mit der „Feuerstelle" war ein urwüchsig gemütlicher Bereich innerhalb des Wintergartens entstanden.

Nun galt es, geeignetes Mobiliar zu finden, damit man das Ambiente auch so richtig genießen konnte. Was bietet sich vor dem Ofen mehr an als ein Relax-Sessel? Das Modell „Dallas" ist ein wahrer Verwandlungskünstler: Die Lehne läßt sich stufenlos verstellen und durch ein ausziehbares Fußteil wird er bei Bedarf sogar zur Liege. Daneben steht ein TV-Gerät, denn ganz ohne Fernsehen geht es natürlich nicht. Es wurde auf einem passenden Unterschrank platziert, der Stauraum für allerlei Krimskrams bietet – nicht zuletzt für eine „Grundausstattung" an Knabberzeug und Gläsern. Eigens für den Wintergarten wurde auch ein mobiles Kühlgerät auf Rollen angeschafft. Es erspart den lästigen Gang zum Kühlschrank in der Küche.

Am anderen Ende des Glasanbaus wurde ein Eßplatz eingerichtet. Dort wollten die

8 Mit dem Wintergarten entstand ein zusätzlicher Wohnraum zum Wohlfühlen. Auch ein stufenlos verstellbarer Relax-Sessel an der „Feuerstelle" gehört dazu.
9 Für die Deckenbeleuchtung im Glasanbau kommt ein filigranes Seilsystem mit Halogenstrahlern zum Einsatz.
10 Die Wandleuchte Daidalos setzt mit ihrem Edelstahlkörper Akzente.
11 Sehr harmonisch wirkt der Fliesenbelag in sanften Blautönen. Hier werden Intarsien zum Blickfang.

Bauleute auch mal mit Freunden gemütlich zusammensitzen. Passend zum Einrichtungsstil des Wintergartens wählte man eine Sitzgruppe aus Teakholz, die auch, im Garten aufgestellt, ein hübsches Bild abgeben würde. Die einfache Lattenkonstruktion wirkt leicht und lebendig und zaubert in Verbindung mit den Kübelpflanzen eine natürliche Atmosphäre in den Raum. Die geölte Oberfläche läßt darüber hinaus das Holz „atmen" und betont seine ursprüngliche goldbraune Farbe.

Bei der Raumausstattung nimmt man sich bekanntlich für die Installation der Beleuchtung besonders viel Zeit, denn das Angebot in Kaufhäusern und Fachgeschäften ist überwältigend. Nachdem der Wintergarten eine wahre Fundgrube schöner Details geworden war, wurde beschlossen, diese mit einzelnen, punktuell ausgerichteten Lichtquellen „in Szene zu setzen". Hierfür eignen sich am besten Halogenstrahler mit engem Streuwinkel. So filigran wie die Strahler selbst wurde auch die Aufhängung mit einem Seilsystem gelöst. Schließlich sollte die Beleuchtung unterhalb des Glasdaches nicht zu schwer wirken. Das flexible System „Flightline" von Oligo Lichttechnik erlaubt auch die Kombination mit Pendelleuchten, die über dem Eßtisch angeordnet wurden. Da der Wintergarten auf der vorhandenen Terrasse aufgebaut worden war, profitierte man nun von den unter Putz verlegten Leitungen für die Außenbeleuchtung. Hier wurde eine neue Wandleuchte platziert – ein rundum stilgerechtes „Objekt aus Edelstahl".

Ein weiteres Relikt aus der Zeit, als der Wintergarten noch ein Terrassendasein fristete, ist der frostbeständige, strapazierbare Fliesenbelag. Ein Stück Natur, das auch durch seine Farbgebung zum Flair dieses neu entstandenen Wohnbereichs beiträgt. Wenn man im Sommer die Glastüren wie eine Ziehharmonika sechs Meter weit zur Seite schiebt, ist die Grenze zwischen drinnen und draußen vollständig aufgehoben.

Das Entlüftungsgerät verschwindet fast unsichtbar im Glasdach. Es leitet warme, verbrauchte Luftpolster nach draußen.

Oben sieht man die Klimaanlage. Neben dem Rettungsring: die unauffällige aber formschöne Bedienstation der Lüftungsanlage.

Bei Bedarf wird die Abdeckblende der Bedienstation einfach nach unten geklappt.

Links im Bild: das Außengerät der Klimaanlage. Im Bodenbereich an der Seitenwand: das Nachströmgerät der Lüftungsanlage.

Face Lifting für viel mehr Raum

Wie einen Hut setzte Rainer Franz das neue Wohngeschoß auf sechs separat gründende Stahlstützen. Öffnen und Erweitern auch an anderer Stelle ergab Architektur mit fließenden Räumen, Glasflächen holen jetzt die Natur ins Haus.

Tagebuch

Unterkellern von Wintergarten und Eßbereich für Nutzraum im UG.

Das alte Dach: asbesthaltige Faserzementplatten, früher oft verwendet.

Straßensperre: Verschweißen und Verschrauben der Stahldachkonstruktion.

Per Kran wird das Stahlgerippe präzise zur Endmontage eingeschwenkt.

Spezialfolien schützen vor Wind und Wetter. Auch der Anbau wächst.

Aus Beton gegossenes Bullauge, ein Geschoß höher: Asbestsanierung.

Fließend ineinander übergehende Räume, Split-Level-Situation, Licht *en masse*: Wohnen als Erlebnis. Und immer wieder Ausblicke, Durchblicke. Wo ist Alt, wo ist Neu? Nur der Fachmann erkennt die Zäsur: Die vordere Stahlstütze (großes Foto) trägt das neue, die hintere das alte Haus. Als Teil einer ausgetüftelten Statik. Wie düster sie früher wohnten, können sich die Bauherren heute nicht mehr vorstellen.

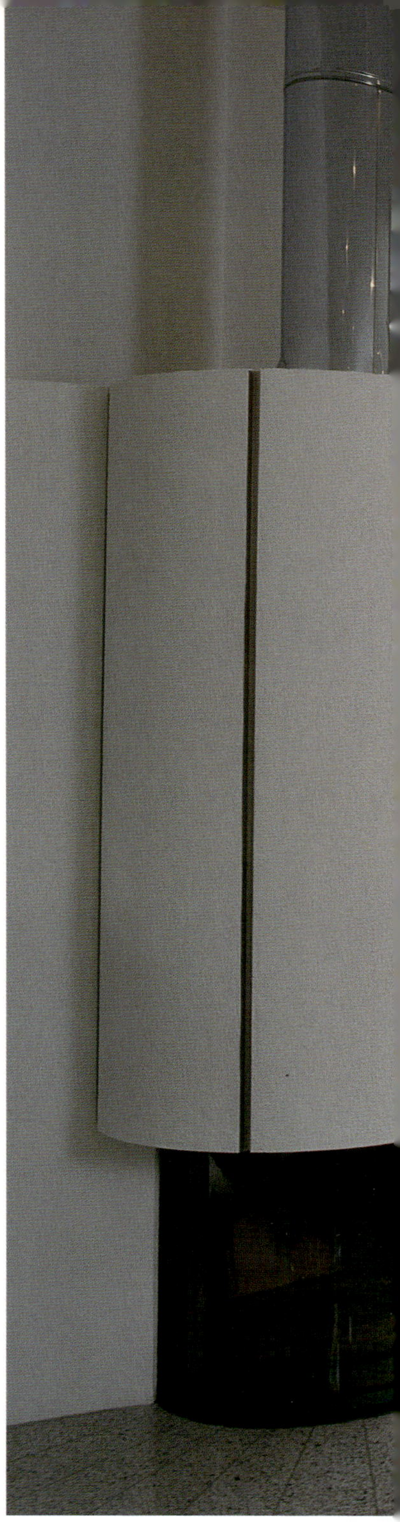

Das ruhig gelegene Hanggrundstück ist ein Juwel. Im Sommer war das prima, wenn man raus konnte. Aber mit dem Freisitz fing's schon an: „Wir fühlten uns dort gar nicht wohl. Die Platten, die ganze Gestaltung – gar nicht nach unserem Geschmack." Sechs Jahre hatte die vierköpfige Familie in dem Bungalow gelebt. Sechs Jahre, die jede Schwachstelle schonungslos offenlegten. Kleine Kinderzimmer, wenig Nebenräume (da nicht unterkellert), keine Bühne. „Für einen Schwaben nicht gerade gut, wenn er nichts abstellen kann." Und das Dach war schadhaft: morsche, asbesthaltige Wellplatten. Fazit: „Es mußte etwas geschehen!"

Mund-zu-Mundpropaganda ist die beste Werbung. Auch für einen Architekten. „Wir würden Rainer Franz empfehlen", ließ die Baubehörde ver-

Oben haben die Kinder ihr eigenes Reich. Auftakt bildet die von quadratischen Deckenöffnungen ausgeleuchtete Treppenanlage. Schrägstellen der obersten Fenster sorgt im Wohn- und Arbeitsraum für angenehme Querlüftung. Das angrenzende Schlafzimmer hat direkten Zugang zum Balkon (Foto rechts unten), von hier aus blickt man auf die Titanzink-Stehfalzdeckung. Das komplette Dach ist so ausgeführt.

Tagebuch

Wandlung in Etappen. Kurz nach dem Kauf war schon der Eingangsbereich umgestaltet worden (zweites Foto).

lauten. Dort wollte das Ehepaar sondieren, welche Möglichkeiten der Bebauungsplan zuließ. Aufstocken war eigentlich nicht vorgesehen, doch das Amt zeigte sich kompromißbereit – wenn die Sache formal Hand und Fuß habe und gewisse Höhen nicht überschritten würden.

Rainer Franz' Vorschlag kam sofort gut an. „Uns gefiel die Idee, Stil und Substanz zu erhalten, das Neue so zu addieren, daß ein homogenes Ganzes entsteht." Auch die Vorgabe, in Phasen umzubauen, um die permanente Bewohnbarkeit zu gewährleisten, schien erfüllbar.

Geschickt löste Franz schwierige Statikfragen. Das alte Haus war relativ einfach gebaut, nur teilunterkellert. Zusätzliche Lasten hätte das Fundament nicht getragen. Also wurde die Abfangung – bestehend aus Stahlstützen auf sechs punktweise rund um's Gebäude gelegten, neuen Fundamenten – als unabhängige Konstruktion vorgelagert.

Aufbau light: Holzständerkonstruktionen bieten sich an, wenn man Gewicht sparen, dabei aber hochwertigen Wohnraum schaffen will. Die Holzbalken der Wände sind mit Wärmedämmung ausgefacht, außen mit weiß lasierten Baufurnierplatten, innen mit Gipskartonplatten beplankt. Auch die Fensterrahmen bestehen im Obergeschoß aus Holz. Das fand Rainer Franz „wohnlicher als Aluminiumprofile, wie sie beim Wintergarten zum Einsatz kamen".

Renovieren ist harte, zeitraubende Arbeit. Für alle Beteiligten. Renovieren birgt auch immer Überraschungen. So tauchte hinter dem alten Wohnzimmerschrank eine völlig mit Schimmel überzogene Wand auf. Feuchtigkeit! Eine Drainage war fällig.

Doch nach 15 Monaten Bauzeit wird man gnädig. Wenn man das fast fertige Ergebnis sieht. Da wandelt man staunend durch die neuen Hallen und läßt sich von der speziellen Begeisterung tragen, die einem nur ein altes Haus vermitteln kann. Dessen Wandel man hautnah miterlebt hat! ■

Fakten

Baujahr: 1963
Wohnfläche früher: 205 m²
Wohnfläche heute: 310 m²

Architekt:
Rainer E. Franz, Mittelgasse 2, 72116 Mössingen, Telefon 07473/7377

Gartenbau: Fa. Janssen, Carl-Zeiss-Straße 53, 72770 Reutlingen, Telefon 07121/54616

Es hat auf uns gewartet

Als Kind fuhr Simone Kuhn an dem Haus regelmäßig mit dem Schulbus vorbei, fand es schon damals „richtig süß“. Jahrzehnte später stand es zum Verkauf. Die Liebe zu alten Dingen ließ das Ehepaar Kuhn keinen Augenblick zögern: „Wir nehmen es!“ – obwohl Verwandte und Bekannte sie für verrückt erklärten.

Auf dem Schwarzweißfoto ist das schwäbische Langbauernhaus aus dem 18. Jahrhundert zu sehen, wie es sich den Kuhns Mitte der 90er-Jahre präsentierte – nachdem es 10 Jahre lang leergestanden hatte. Es war denkmalgeschützt, aber in einem sehr schlechten Zustand.

Eine „Jäger-und-Sammler-Mentalität“ ist vorteilhaft, wenn man sich ans Renovieren alter Häuser macht und die Kosten überschaubar bleiben sollen. Dietrich Kuhn kommt sein Beruf zugute. Er hat mit Baustoffen, speziell mit Sand und Kies, zu tun und ist in den neuen Bundesländern unterwegs, immer wachen Auges. So hat er sich im Laufe der Zeit ein privates Materiallager aus anderswo nicht mehr benötigten Pflastersteinen, Granitplatten und ähnlichem angelegt, darunter „tolles mittelalterliches Basaltpflaster, richtig urige Teile, Stück für Stück aus dem Dreck gewühlt“ (siehe Foto „Recycling“).

Diese Aufnahme entstand, wie die anderen Reportagefotos auch, vor einem Jahr. Wir waren neugierig, wie sich die Arbeiten am Haus, besonders das Finish von Garten, Terrasse und Außentreppe, weiterentwickelt haben. „Eigentlich müßte man jetzt nochmals fotografieren,“ sagt uns Simone Kuhn am Telefon. Das Materiallager ist ziemlich geschrumpft – die Natursteine bilden den Terrassenbelag (große Granitplatten und Pflastersteine im Wechsel) und den Weg zum Gartentor. Natursteinplatten ersetzen auch die provisorisch als Treppe dienende Palette vor der Eingangstür (siehe kleines Foto Seite 53). Und den ganzen Terrassenbereich inklusive neuer Außentreppe überspannt bei Bedarf ein großes Sonnensegel.

Die Zweifler mögen da heute gewaltig staunen – diejenigen nämlich, die Kuhns heftig vom Kauf abrieten („das gehört doch abgerissen!“). Doch die beiden Tettnanger ließen sich von nichts und niemandem von ihrem Plan abbringen.

Bewußte Kontraste: bäuerliche Gemütlichkeit in der Wohnküche, moderner Innenausbau im neuen „Lichtzimmer“. Plädoyer pro Staketenzaun: ebenso schlicht wie schön ist er seinem gartenzwergeligen Verwandten, dem Jägerzaun, immer vorzuziehen.

Recycling

Zum Anwesen gehört auch eine gerettete Scheune. An ihrem früheren Standort sollte sie abgerissen werden. Kuhns ließen sie abbauen und wieder aufstellen. Die im Garten gelagerten Steine – sie stammen von verschiedenen Abbruchobjekten – sind jetzt rund ums Haus verlegt.

„Es schien fast so, als hätte das Haus auf uns gewartet“, sagt Simone Kuhn und meint damit auch die Umstände des Kaufes, der genau zum richtigen Zeitpunkt getätigt wurde. Nachdem das Anwesen zehn Jahre lang leergestanden hatte und sich zwischenzeitlich viele dafür interessierten, setzte das Denkmalamt die Erbengemeinschaft unter Druck: „Entweder ihr verkauft jetzt, oder ihr müßt das Gebäude verfallen lassen. Dann ist das Gelände landwirtschaftliche Nutzfläche, auf der nicht mehr gebaut werden darf.“ Das zog. Und Kuhns erhielten den Zuschlag.

Gerne erinnern sie sich an die spätere, „wunderbare“ Zusammenarbeit mit den Denkmalschützern. „Farbgebung und große Gauben waren kein Problem, und sie schlugen sogar von sich aus vor, den rekonstruierten Scheunenteil deutlich größer als das Original zu gestalten, damit wir noch mehr von dem Raum – unserem „Lichtzimmer“ – haben!“

Weniger Glück hatten Kuhns mit ihren Architekten. Der erste wollte „ein supermodernes Teil daraus machen“, die zweite war wohl noch etwas zu unerfahren. So daß sich die beiden irgendwann gezwungen sahen, Bauleitung und planerische Entscheidungen selber zu übernehmen – zusätzlich zum Eigenleistungspaket, das schon mit dem Entkernen der Bausubstanz einen anstrengenden Auftakt hatte und von Holz- über Dämm- bis hin zu Malerarbeiten fast jedes Gewerk umfaßte. „Sehr vieles haben wir nach Gefühl gemacht“, sagt Simone Kuhn. Die Liebe zu alten Dingen, zu handwerklicher Tradition dabei als ständiger Antrieb. Unter anderem restaurierten Kuhns Türen, die alten Fenster und Fensterläden, sie legten Holzböden in überlieferter Weise und bearbeiteten die großteils originalgetreu ergänzten Hölzer der Wände und Decken. Wie intensiv auch die Eingriffe durch die beauftragten Handwerker waren, verdeutlichen die Fotos rechts. Mit dem Bagger wurde übrigens der Keller ausgeschachtet.

Heute verfügt die Familie über 180 Quadratmeter Wohnfläche, ausgestattet mit alten, wieder hergerichteten Bauernmöbeln, und einen großen Garten, in dem sich die Töchter Anika, Melissa und Lea-Marie sowie die Schäferhündin so richtig austoben können. Gratulation! Wir freuen uns auch, daß das Kuhn'sche Beispiel in der Gegend Schule macht. Sobald dort wieder was Schönes fertig ist, berichten wir! ■

Fakten

Baujahr: 18. Jh.
Umbau: Dez. 1996–heute
Wohnfläche früher: 70 m²
Wohnfläche heute: 180 m²

Zimmermannsarbeiten:
Fa. Sinner Holzbau, Torenstr. 21, 88709 Meersburg, Telefon 07532/307

Heizung:
Wärmepumpe, Kachelofen mit Wasserspeicher

Tagebuch

Zwischen der ersten und letzten Aufnahme dieser Serie liegt ein Drama: Das Dach musste dreimal komplett neu gedeckt werden, bis es dicht war. Immer klemmte es bei der Unterkonstruktion. Mit den alten, individuellen Ziegeln können eben nur erfahrene Handwerker umgehen. Die gilt es zu finden, wenn man optimale Ergebnisse erzielen möchte. Tip: beim Denkmalamt anrufen, Referenzobjekte anschauen. Viel läuft auch über Mundpropaganda.

Ein Haus kann auch ohne einen Architekten renoviert werden. Allerdings stellt sich die Frage, ob man dann letztlich nicht am falschen Ende spart. Denn einen Profi als unabhängigen Ansprechpartner zu haben, das kann sich lohnen.

Die Hilfe des Planers kann Gold wert sein

Kosten drücken ist mega-in, beileibe nicht nur bei schwäbischen Bauherren und Modernisierern. Fieberhaft wird nach Möglichkeiten gesucht, diesen und jenen Euro einzusparen. Meist ganz oben auf der Liste stehen der Architekt und sein Honorar. Hier erzählt ein Bauherr, der nicht auf den Architekten verzichten wollte ■

Ich weiß doch, was ich will, und mit den Handwerkern werde ich auch alleine fertig. Ich kann die Renovierung selber organisieren, ohne einen teuren Architekten!" So denken viele Bauherren.

Auch bei uns, die wir eine Doppelhaushälfte aus den 50-er Jahren zu modernisieren hatten, gab es eine Diskussion über diese Frage. Daß zur Planung ein Architekt notwendig war, darin waren meine Frau und ich uns einig. Allerdings gingen unsere Meinungen dahingehend auseinander, daß ich angesichts der Dimensionen des Umbaus dafür war, den Architekten auch über die Genehmigungsplanung hinaus in vollem Umfang zu engagieren (Tabelle rechts oben). Meine Frau war der Ansicht, wir könnten uns selbst um die Handwerker kümmern und die Bauleitung übernehmen.

Klar, wenn man die Honorartafeln studiert (untere Tabelle rechts), dann sehen die Beträge ganz schön hoch aus. Bei 100000 Euro anrechenbaren Kosten sind das, Zone III vorausgesetzt, unter Umständen bis zu 14350 Euro. Ist der Architekt demnach nicht einer, der die Baukosten in die Höhe treibt, um mehr Honorar für sich herausholen zu können?

Wie überall gibt es auch unter den Architekten schwarze Schafe. Die Zahl der Horrorgeschichten über Planer ist – wie bei Handwerkern – Legion. Insofern braucht der Bauherr ein feines Händchen bei der Suche. Andererseits gibt es handfeste sachliche Gründe, die dafür sprechen, einen Architekten mit der Planung und Bauleitung zu beauftragen.

Wir bezogen Armin Junger, den Planer unserer Wahl, im ersten Planungsgespräch in unsere Diskussion mit ein.

Daß Junger seinen Berufsstand nicht selbst in Frage stellen würde, war uns klar. Doch waren wir auf die Argumente gespannt, die Junger ins Feld führen würde. Es waren, wie sich herausstellen sollte, nicht nur zahlreiche, sondern auch plausible Argumente. Ein Architekt, der sein Handwerk versteht, verfügt über:

- vielfältige Erfahrung
- ein besseres Standing bei den Handwerkern; diese kalkulieren ihre Preise von vornherein anders, wenn sie sehen, daß sie es bei der Ausschreibung mit dem Architekten direkt zu tun haben.

Der Architekt Armin Junger (rechts) hat den Statiker Hans-Ulrich Ströbel, eingeschaltet, um die Tragfähigkeit der Decke prüfen zu lassen.

- das technische Know-how, um die Qualität der Ausführung beurteilen zu können
- die bessere Marktübersicht bezüglich Produkte und Preise
- professionelles Koordinierungsvermögen, was die einzelnen Gewerke betrifft
- die Fähigkeit, die technisch richtigen und wirtschaftlichsten Lösungen zu entwickeln und dem Bauherrn zu helfen, Kosten einzusparen.

Außerdem hat der Architekt rechtliche Pflichten, die sich – zum Beispiel Stichwort Gewährleistung – bis weit nach der (Um-)Bauphase erstrecken.

Daß das in den Augen vieler leidige Architektenhonorar so zumindest teilweise wieder hereingeholt wird, leuchtete uns ein. Ganz zu schweigen von dem Mehr an Komfort, Funktionalität und auch Ästhetik, das eine professionelle Planung mit sich bringt.

Übrigens: Ein Architekt kann schon beim Kauf einer Immobilie sein Geld wert sein. Denn bei der Begehung eines Objekts erkennt sein geschultes Auge eher verdeckte Mängel und hilft so unter Umständen, den Kaufpreis erheblich zu drücken. Außerdem ist eine solche Begehung eine gute Gelegenheit zu prüfen, ob man sich mit diesem Architekten eine vertrauensvolle Zusammenarbeit vorstellen kann.

Wir hatten mit Armin Junger schon einmal ein Althaus angeschaut. Seine Beratung hatte damals mit dazu beigetragen, daß wir von einem Kauf Abstand nahmen. Das war uns die 174 Euro für zwei Stunden wert. So konnten wir jetzt, bei diesem Haus in traumhafter Lage, zugreifen.

Freilich bedeutet das Bauen mit Architekt nicht, daß der Bauherr sich zurücklehnen und Däumchen drehen kann. Besser ist es, wenn er engagiert bei der Sache ist. Regelmäßig beim Planer anrufen, nachfragen, vielleicht auch mal ein bißchen drängeln, ruhig selbst mal den Meterstab in die Hand nehmen, bei der Absprache von Schritten exakte Termine setzen – das schadet nicht.

Bei der Honorarbemessung erläuterte Armin Junger uns zwei Möglichkeiten, die aber beide auf der Honorarordnung für Architekten und Ingenieure (HOAI) basieren. Man vereinbart eine Pauschale, das heißt man geht von bestimmten anrechenbaren Kosten aus und ermittelt das Honorar aus der HOAI. Vorteil: Man hat einen Kostendeckel. Nachteil: Man zahlt zuviel, wenn die Kosten deutlich unter der Schätzung bleiben. Zweite Möglichkeit: Man läßt das Honorar offen und legt es am Schluß fest. Steigen dann aber die Renovierungskosten, ist auch mehr Honorar fällig. Es empfiehlt sich im übrigen, so früh wie möglich die Honorarzone exakt festzulegen (zum Beispiel III Mitte).

Manche Bauherren beauftragen den Architekten nur mit der Planung. Den Rest machen sie selbst. Andere Möglichkeit: Nachdem der Architekt die Planung abgeschlossen hat, wird ein Generalübernehmer oder eine Handwerker-Kooperative eingeschaltet.

Wir wollten dieses Risiko nicht eingehen und waren froh, stets einen Ansprechpartner zu haben, der sich bei Unklarheiten die Zeit für ein Gespräch mit uns nahm.

Architekten-Leistungen im Überblick*

Bewertungen der Grundleistungen in % der Honorare	Gebäude	Freianlagen	raumbildende Ausbauten
1. Grundlagenermittlung Ermitteln der Voraussetzungen zur Lösung der Bauaufgabe durch die Planung	3%	3%	3%
2. Vorplanung (Projekt- und Planungsvorbereitung) Erarbeiten der wesentlichen Teile einer Lösung der Planungsaufgabe	7%	10%	7%
3. Entwurfsplanung (System- und Integrationsplanung) Erarbeiten der endgültigen Lösung der Planungsaufgabe	11%	15%	14%
4. Genehmigungsplanung Erarbeiten und Einreichen der Vorlagen für die erforderlichen Genehmigungen oder Zustimmungen	6%	6%	2%
5. Ausführungsplanung Erarbeiten und Darstellen der ausführungsreifen Planungslösung	25%	24%	30%
6. Vorbereitung der Vergabe Ermitteln der Mengen und Aufstellen von Leistungsverzeichnissen	10%	7%	7%
7. Mitwirkung bei der Vergabe Ermitteln der Kosten und Mitwirkung bei der Auftragsvergabe	4%	3%	3%
8. Objektüberwachung (Bauüberwachung) Überwachen der Ausführung des Objekts	31%	29%	31%
9. Objektbetreuung und Dokumentation Überwachen der Beseitigung von Mängeln und Dokumentation des Gesamtergebnisses	3%	3%	3%

* In der „Honorarordnung für Architekten und Ingenieure“ ist das Leistungsbild des Architekten in neun Grundleistungen eingeteilt. Jede Phase ist entsprechend dem geistigen Aufwand mit einem Prozentsatz, der den Anteil am Gesamthonorar darstellt, versehen. Welche Leistungen tatsächlich fällig werden, das ist gerade bei Umbauten und Modernisierungen sehr stark vom Einzelfall abhängig.

Honorare für Architekten und Ingenieure*

Anrechenbare Kosten		Zone I von	Zone I bis	Zone II von	Zone II bis	Zone III von	Zone III bis	Zone IV von	Zone IV bis	Zone V von	Zone V bis
Euro	25 000	1 940	2 360	2 360	2 925	2 925	3 770	3 770	4 335	4 335	4 755
Euro	30 000	2 325	2 825	2 825	3 495	3 495	4 495	4 495	5 165	5 165	5 665
Euro	35 000	2 720	3 300	3 300	4 075	4 075	5 235	5 235	6 010	6 010	6 590
Euro	40 000	3 100	3 760	3 760	4 645	4 645	5 965	5 965	6 850	6 850	7 510
Euro	45 000	3 495	4 235	4 235	5 220	5 220	6 700	6 700	7 685	7 685	8 425
Euro	50 000	3 880	4 695	4 695	5 775	5 775	7 405	7 405	8 485	8 485	9 300
Euro	100 000	7 755	9 275	9 275	11 305	11 305	14 350	14 350	16 380	16 380	17 900
Euro	150 000	11 635	13 745	13 745	16 560	16 560	20 785	20 785	23 600	23 600	25 710
Euro	200 000	15 510	18 100	18 100	21 550	21 550	26 725	26 725	30 175	30 175	32 765
Euro	250 000	19 385	22 360	22 360	26 325	26 325	32 270	32 270	36 235	36 235	39 210

* Die angegebenen Honorare stammen aus der „Honorartafel für Grundleistungen bei Gebäuden und raumbildenden Ausbauten“. Diese Tabelle wiederum ist Teil der Honorarordnung für Architekten und Ingenieure (HOAI). Die Zonen spiegeln Art der Aufgabe und den Schwierigkeitsgrad wider. Sie sind zwischen Hausbesitzer und Architekten frei vereinbar.

Voll sind Bücher und Zeitschriften mit Tips und Checklisten, wie denn die Finanzierung zu bewerkstelligen sei. Freilich wartet die Realität mit einigen Unwägbarkeiten auf, die den Unterschied zwischen Theorie und Praxis deutlich machen. Ein Erfahrungsbericht ■

So haben wir finanziert

Eine Doppelhaushälfte in traumhafter Halbhöhenlage, renovierungsbedürftig, aber ordentliche Bausubstanz – da hieß es zugreifen. Als wir im Sommer 1999 die ersten Gespräche mit den Erben aufnahmen, waren wir noch frohgemut: Die Zinsen waren seit dem Tiefpunkt im Februar zwar gestiegen, aber im langfristigen Vergleich immer noch auf sehr niedrigem Niveau. Zehnjahres-Hypotheken waren nominal zwischen 5,2 und 5,4 Prozent zu bekommen. Bei einem Kreditbedarf von 175000 Euro wären wir bei einem Prozent Tilgung auf eine monatliche Belastung von deutlich unter 1000 Euro gekommen. Wir hätten nicht viel mehr als unsere bisherige Miete zu zahlen gehabt.

Wer eine gute Beraterin, einen guten Berater findet, kann aus dem persönlichen Finanzierungsgespräch sicherlich Nutzen ziehen. Was am Ende aber wirklich zählt, das sind die besten Konditionen.

So weit, so gut. Doch nun beginnen die praktischen Probleme. Was soll der angehende Hauskäufer nun mit seinen Wertpapieren machen? Verkaufen auf Teufel komm raus? Abwarten, ob die Kurse noch steigen? Was, wenn es doch nicht klappt mit dem Haus? Denn diese Frage war ja längst noch nicht geklärt.

Wir fuhren eine Doppelstrategie. Wir verkauften nach und nach Standardtitel, die gut gelaufen waren. Andererseits behielten wir unsere Anteile an Schwellenländer-Fonds, in der Hoffnung, daß diese noch gedeihen mögen. Was sie denn auch taten. Außerdem notierten diese Fonds in Dollar, und der kannte im Herbst 1999 nur die Richtung nach oben.

Zugegeben: Es war schon mehr als ein Hauch von Abenteuer bei dieser Strategie dabei, die wir keinesfalls zur Nachahmung empfehlen.

Aber: Auch konservativere Anleger, die in Bundes-Anleihen investiert sind, stehen vor der Frage: Jetzt verkaufen oder warten? Denn auch die Kurse bei festverzinslichen Papieren schwanken. Es gibt folglich kein Patentrezept in dieser Situation. Jeder muß für sich abwägen, welches Risiko er eingehen will.

Zurück zum Haus. Im Oktober wurden wir uns mit den Erben einig. Als Übergabetermin wurde der 1. Januar 2000 vereinbart. Leider stiegen und stiegen inzwischen die Zinsen. Im Oktober kosteten Zehnjahres-Hypos nominal zwischen 6,1 und 6,4 Prozent. Zum Glück entspannte sich die Situation im November wieder.

Jetzt holten wir Angebote ein, nachdem wir uns von der unabhängigen Finanzberatung Max Herbst (FMH) in Frankfurt/Main hatten beraten lassen. Durch die bundesweit angelegte Suche war ausgeschlossen, daß uns irgendwo noch ein Schnäppchen-Angebot durch die Lappen ging.

Ein Angebot, das deutlich herausstach, war das des Finanzmaklers Avance im badischen Brühl, der mit der elsässischen Bank Crédit Mutuel zusammenarbeitet. Es lag zwei bis drei Zehntel unter den anderen günstigen Angeboten. Der „Preis" für diese günstigen Konditionen: Der Kredit muß in 20 Jahren (statt üblicherweise 30 Jahren) abbezahlt sein, was zu einer entsprechend höheren Tilgung und damit zu einer spürbar höheren monatlichen Belastung führt. Das war auch der Grund, warum wir diese Alternative recht früh ausschieden, zumal auch offensichtlich wurde, daß die Avance mit der Bearbeitung von Anträgen kaum nachkam.

Gut war auch Dr. Klein in Lübeck, ein Vermittler, der mit

verschiedenen Anbietern wie zum Beispiel der Hamburg-Mannheimer oder der Nürnberger Hypothekenbank zusammenarbeitet.

Natürlich durfte auch die Hausbank ran, die örtliche Kreissparkasse. Vorteil: Der Berater plante von vornherein Mittel der Kreditanstalt für Wiederaufbau (KfW) in die Finanzierung ein (Programm CO_2-Reduzierung). Nachteil, wenn man es so bezeichnen will: Nicht ein einziges Mal kam es zu einem direkten Gespräch, alles lief über Telefon und Fax. Soviel zum Stichwort „Nähe" zur Hausbank.

Als viertes wurde schließlich die Allianz angegangen. Hier bestand die Möglichkeit, ein Versicherungsdarlehen ohne Tilgung oder ein klassisches Hypodarlehen mit Tilgung zu „kaufen". Ein Versicherungsdarlehen bei der Allianz wäre auch insofern sinnvoll gewesen, als ich mit diesem Anbieter sowieso schon eine tariflich festgeschriebene Lebensversicherung abgeschlossen hatte.

Leider boten sowohl die Kreissparkasse als auch die Allianz nur Standardsätze an, die weit über denen von Dr. Klein lagen. Auch als die beiden mit diesem attraktiveren Angebot konfrontiert wurden, waren sie zu keinerlei Konzessionen bereit.

Intelligenter Kommentar des Allianz-Vertreters zum Angebot von Dr. Klein: „Das kann nichts Seriöses sein, da haben Sie keinerlei Service." Nun, auf den „Service", monatlich deutlich mehr zu zahlen als bei der – durchaus seriösen – Konkurrenz, verzichteten wir gerne.

Nach Abwägung aller Faktoren kam nur Dr. Klein in Lübeck in Frage. Sehr attraktive Zinsen, professionelle, schnelle und sehr freundliche Abwicklung. Sicher hätte man noch drei oder vier Geldgeber oder Vermittler einschalten können, aber das bedeutet immer auch einen immensen Zeitaufwand. Daneben läuft der Alltag weiter. Eins war klar: Angesichts der unsicheren, tendenziell sich eher verschlechternden Zinslage war eine schnelle Abwicklung bares Geld wert.

Und das Haus? Der erste Notartermin wurde auf den 25. November angesetzt. Als der Vertrags-Entwurf des Notars vorlag, ließen wir ihn von einem Anwalt prüfen. Dabei ergaben sich einige wichtige Änderungen im Text, da das Objekt noch nicht mietfrei war. Wir können nur jedem angehenden Hauskäufer empfehlen, es ebenso wie wir zu machen und den Vertrag von einem Juristen durcharbeiten zu lassen.

> „Wir können nur jedem angehenden Hauskäufer empfehlen, es ebenso wie wir zu machen und den Vertrag von einem Juristen durcharbeiten zu lassen"

Leider machten die beiden Mieter keine Anstalten, ihre Wohnungen bis zum 31. Dezember zu räumen. Uns blieb nichts übrig, als die Notbremse zu ziehen und den Notartermin kurzfristig abzusagen. Auch unser Anwalt riet uns zu diesem Schritt, da das Risiko, ein vermietetes Haus zu kaufen, unkalkulierbar war. Die Erben zeigten Verständnis und versprachen, sich wieder zu melden, wenn das Haus frei wäre. Wir waren zwar dankbar dafür, hatten aber unsere Zweifel, ob es wirklich noch klappen würde. Was, wenn nun andere Interessenten oder gar ein Makler ins Spiel kämen, die das Haus auch vermietet kaufen würden?

Während wir immer skeptischer wurden, stiegen die Zinsen, und die errechnete monatliche Belastung wuchs deutlich über 1000 Euro. Unsere Hoffnungen sanken.

Dann, Ende Januar, geschah das, was wir nicht mehr für möglich gehalten hatten: Die Erben meldeten sich tatsächlich und fragten, ob wir noch Interesse hätten!

Schnell reaktivierten wir den Kontakt zu Dr. Klein. Das erste Angebot lautete 6,14 Prozent nominal (Bei der Hausbank bekamen wir 6,35 Prozent geboten.). Wir spielten noch ein bißchen auf Zeit, da der Notartermin erst auf den 25. Februar angesetzt war. Und tatsächlich, beim nächsten Angebot lag der Nominalzins bei 6,04 Prozent, beim dritten schließlich nur noch bei 5,99 Prozent. Wir griffen zu.

Der Gerechtigkeit halber sei an dieser Stelle erwähnt, daß sich der Berater unserer Kreissparkasse sehr bemühte, unserem Antrag bei der Kreditanstalt für Wiederaufbau für einen zusätzlichen Kredit zum Erfolg zu verhelfen. Und das, obwohl wir das eigentliche Hypotheken-Darlehen verschmäht hatten.

Tip: Verraten Sie nicht zu früh den Kauftermin. Denn sobald dieser bekannt ist, wird man erpreßbar. In unserem Fall ging es darum, wie viel von der Kreditsumme sofort zur Verfügung gestellt wird und wie viel nach Baufortschritt. Wir nahmen schließlich das Angebot von Dr. Klein nur unter der Bedingung an, dass wir 80 Prozent des Kreditbetrages bis zum Übergabetermin ausgezahlt bekommen.

> „Übrigens können wir nur allen raten, den Kauftermin so lange wie möglich vor jeder Bank „geheim" zu halten"

Daß wenige Wochen später der Zins noch einmal um fast zwei Zehntel günstiger gewesen wäre, hat uns nicht geärgert. Man erwischt so gut wie nie den optimalen Zeitpunkt. Außerdem brauchten wir das Geld zu einem bestimmten Termin. Sonst hätten wir Verzugszinsen bezahlen müssen, und bei den großen Summen sind zwölf Prozent auch für wenige Wochen schon ein ordentlicher Brocken.

Fazit: Jeder Finanzierungs-Fall ist anders, besonders der eigene. Alle Strategie in Sachen Baufinanzierung muß immer wieder der komplexen Wirklichkeit angepaßt werden. Kaum einmal dürfte alles nach Schema F verlaufen.

P.S.: Übrigens haben wir immer noch unsere Daimler-Chrysler-Aktien. Man soll die Hoffnung ja nie aufgeben ...

Tip

Internet-Zinsübersicht

● FMH aktualisiert wöchentlich die Internet-Zinsübersicht des Fachschriften-Verlages mit den günstigsten Konditionen (www.bautips.de). Wer sich von der FMH direkt beraten lassen will, kann dies – für 1,82 Euro pro Minute = 109,20 Euro pro Stunde – tun unter der Rufnummer 0190/ 873641-4, Montag bis Freitag zwischen 10 und 20 Uhr; siehe auch www.fmh.de

Alles nach Plan

Bevor der erste Handwerker das Haus betritt, sollte sorgfältig geplant werden. Das kann durchaus vier bis fünf Monate dauern. Doch es lohnt sich, sich diese Zeit zu nehmen. Je gründlicher die Planung, um so weniger kostspielige Änderungswünsche gibt es während der Modernisierung. Hierzu ein Erfahrungsbericht ■

Noch bevor wir das Haus endgültig gekauft hatten, machten meine Frau und ich uns Gedanken, wie denn unser Wunschhaus in spe zu gestalten wäre. Die Substanz, das hatten die Begehungen ergeben, war in Ordnung. Mauerwerk und Dach mußten nicht saniert werden. Abgesehen davon war aber der Zustand des Innenausbaus und der technischen Ausstattung so betagt, daß wir hier umfassend eingreifen wollten.

Wir wollten auf jeden Fall möglichst alles innerhalb des Hauses sanieren, um später, wenn wir unser neues Heim bezogen hätten, keine Handwerker mehr im Haus zu haben (Ausnahme: die eventuell nachzurüstende Feuerstätte). Denn das Risiko ist hoch, daß das, was „später immer noch“ gemacht werden kann, dann doch nie gemacht wird.

Was das Äußere betrifft, hatten wir vor allem den Wunsch, den bestehenden Wohnzimmer-Balkon zu vergrößern und die etwas düstere Eingangssituation mit den vorgebauten Schuppen zu verändern. Auch der Balkon auf der Westseite bedurfte einer kosmetischen Korrektur. Eine Außendämmung war zwar aufgrund des nur 24 Zentimeter dicken Mauerwerks ratsam, doch wollten wir diese erst später in Angriff nehmen, wenn wir finanziell wieder etwas Luft haben würden. Denn die Kosten hierfür waren mit mindestens 10000 Euro zu veranschlagen.

Als vierköpfige Familie mit zwei Kindern im Alter von neun und sieben Jahren kam es uns darauf an, Räume für die familiendynamische Kommunikation zu haben, außerdem wollten wir Rückzugsmöglichkeiten für jeden einzelnen schaffen. Insofern war die Hanglage des Hauses mit drei Wohnebenen ideal. Auch die Anzahl der Wohnräume, insgesamt neun (ohne die Dachkammer auf dem Speicher), empfanden wir als äußerst angenehm.

Wo modernisieren wir?

Im einzelnen ergab sich Modernisierungsbedarf auf folgenden Gebieten:

- Heizung
- Sanitär
- Fenster
- Bodenbeläge
- Wände und Decken
- Elektro

Welche Räume brauchen wir?

Unser Raumprogramm sah folgendermaßen aus:

- ein Wohn-/Eßzimmer
- zwei Kinderzimmer
- ein Elternschlafzimmer mit Ankleide
- zwei Arbeitszimmer
- ein Gästezimmer
- zwei Bäder
- vergrößerte Küche
- auf jedem Stockwerk ein WC

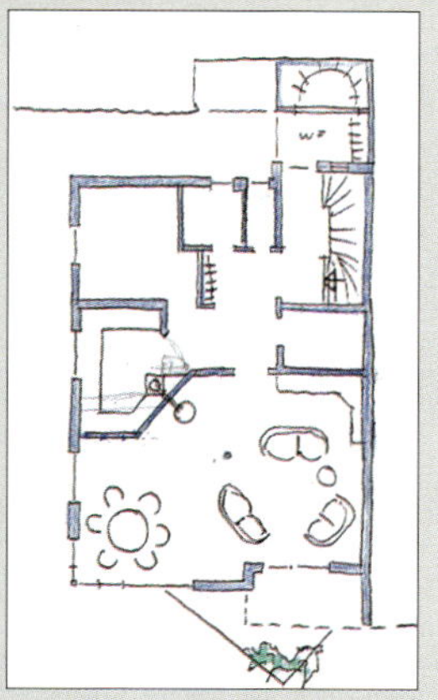

„Mehr-Wohnwert-Skizze“ für die mittlere Etage: höherer Glasanteil nach Süden, größerer Balkon und offene Küche.

Für uns war klar, daß wir die Struktur mit getrennten Ebenen beibehalten wollten. Decken herauszunehmen und zwei Stockwerke mit einer Galerie zu verbinden wäre unseren Bedürfnissen nicht entgegengekommen und außerdem auch zu teuer geworden. Dagegen wollten wir eine Wand im mittleren Stockwerk herausnehmen und den Glasanteil auf der Südseite vergrößern, um ein großzügiges Wohn-/Eßzimmer zu erhalten. Im Dachgeschoß boten sich die beiden nach Süden gerichteten Räume als Kinderzimmer an.

Geduldig hörte sich der von uns mit der Planung betraute Tübinger Architekt Armin Junger im ersten Gespräch unsere Überlegungen an. Unser Raumprogramm stand gedanklich zwar weitgehend fest, doch über die wichtige Frage, ob die Küche zum Wohnraum hin offen sein sollte oder geschlossen, waren meine Frau und ich uns nicht einig. Wegen der Gerüche und Geräusche tendierte ich zu einer geschlossenen Küche, meine Frau machte geltend, daß sie relativ viel Zeit in der Küche verbringe und diese deshalb eher offen zu gestalten sei. Im Verlauf der Planung freundete ich mich schließlich mit der offenen Küche an.

Ausgiebig sprachen wir auch über die Materialien. Wir wollten nach Möglichkeit überall möglichst einheitliche Oberflächen haben. Bei den Bodenbelägen etwa schwebte uns vor, mit einer Sorte Fliese und einer Sorte Parkett im ganzen Haus auszukommen. Architekt Junger gab zu bedenken, daß einheitliche Materialien nicht nur ruhiger und schöner wirkten, sondern sich auch positiv auf die Kosten auswirkten. Denn je mehr Quadratmeter von einem Material bestellt werden, um so günstiger wird es.

Während des Gesprächs lenkte der Architekt unsere Aufmerksamkeit auch auf scheinbare Nebensächlichkeiten wie den Ablauf der Wäschewirtschaft. In einem Haus sind sowieso mehr Wege zurückzulegen als in einer Wohnung. Insofern sollte dieser Punkt bei der Planung nicht unterschätzt werden. Um die Vorgänge Waschen, Trocknen und im Schrank lagern auf zwei Ebenen abwickeln zu können, platzierten wir die Waschmaschine nicht – wie ursprünglich geplant – im Keller, sondern in einem kleinen Raum auf der Nordseite des mittleren Geschosses.

Auch in einem anderen Punkt erwies sich, wie vorteilhaft es war, mit einem erfahrenen Planer zusammenzuarbeiten. Von der Absicht, die Südseite unseres künftigen Wohnzimmers komplett bodentief zu verglasen, riet uns Junger ab. Zu viele Glasflächen bis zum Boden vermittelten womöglich ein Gefühl des Ausgesetztseins. Eine Fensterbrüstung erzeuge eine gewisse Geborgenheit. Außerdem wurde uns im Verlauf der Planung klar, daß die zurückhaltendere Variante besser zum Haus paßt und ästhetisch wirkungsvoller ist.

Für den größten Modernisierungsposten, Heizung und Sanitär, empfahl uns Architekt Junger, einen Spezialisten in die Planung zu integrieren (siehe Artikel nächste Seite).

Als nächstes erarbeitete er zu jeder der drei Ebenen jeweils drei Entwürfe. Baukastenartig konnten wir uns pro Stockwerk für die Alternativen entscheiden. Armin Junger stellte das Baugesuch zusammen und reichte es bei der Stadtverwaltung ein. Zirka vier Wochen später bekamen wir die Genehmigung.

Eigenleistung

Theoretisch bestand die Möglichkeit, einen Teil der Kosten durch Eigenleistung aufzufangen. Allerdings waren uns hier enge Grenzen gesetzt. Zum einen, weil wir handwerklich kaum bis keine Erfahrung vorzuweisen hatten, zum anderen weil wir uns zeitlich nicht übernehmen wollten. Wir beschränkten uns deshalb auf den „destruktiven“ Bereich: Tapeten abmachen, Bodenbeläge entfernen, altes Einbaumobiliar und die alten Kachelöfen herausreißen. Wie sich zeigte, war diese Vorgehensweise realistisch. Diese Arbeiten nahmen doch einige Zeit in Anspruch, gaben einem aber auch das Gefühl, aktiv am Werden des neuen Zuhauses mitzuwirken und vermittelten nebenbei so manches technisches Wissen. Und nicht zu verachten: Alles in allem haben wir durch unsere Vorarbeit doch den einen oder anderen Tausender gespart.

Kostenberechnung

- Aufgrund der Begehungen, Ermittlungen und Planungen errechnete Architekt Armin Junger Kosten von 100 000 Euro plus zirka 14 500 Euro Nebenkosten. Das lag in etwa in unserem Budget-Rahmen.
- Allerdings war die Küche in dieser Summe nicht enthalten.
- Da ein Bauvorhaben in der Regel eher teurer kommt als geplant, ermittelten wir vorsichtshalber Einsparpotentiale, vor allem im Außenbereich, zum Beispiel Verzicht auf die Balkonvergrößerung oder den neuen Windfang (siehe auch Kasten Eigenleistung).
- Architekt Junger hatte vorsorglich 2500 Euro unter der Rubrik „Sonstiges“ aufgeführt. Mit Überraschungen ist bei einem Altbau so gut wie immer zu rechnen.

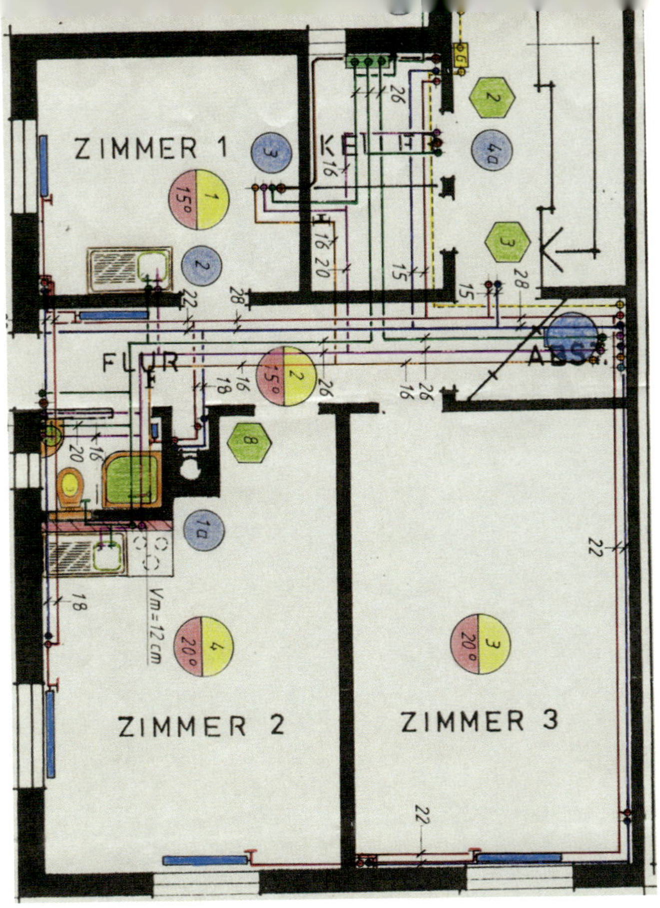

Bei älteren Häusern ist die Modernisierung der Bereiche Heizung und Sanitär meist sehr aufwendig. Entsprechend sorgfältig müssen diese Gewerke geplant werden. Die Einschaltung eines Spezialisten kann bares Geld wert sein, wie eine Tübinger Familie erfuhr ■

Nur der Profi denkt ans Detail

Fragen an den Fachmann

Was bringt ein Heizungs- und Sanitärplaner? Wir befragten den Experten Dipl.-Ing. Hermann Kittel.

Redaktion: Herr Kittel, warum ist es sinnvoll, für die Modernisierung von Heizung und Sanitär einen Spezialplaner zu beauftragen?

Kittel: Ein Planer plant und berät herstellerneutral. Ein Handwerker berät eher fabrikatsbezogen, weil er weiß, wo er am meisten Rabatt bekommt. Abgesehen davon kann ein Heizungsplaner den Wärmebedarf viel exakter kalkulieren. Ein Handwerker begnügt sich in der Regel mit ungefähren Berechnungen.

Redaktion: Wie wirkt sich Ihre Planung in der Praxis aus?

Kittel: Der Ausschreibungstext wird ganz exakt formuliert. Jeder Handwerker, der die Ausschreibung bekommt, kalkuliert deshalb auf gleicher Basis.

Redaktion: Was bedeutet das für den Bauherrn?

Kittel: Auf diese Weise wird verhindert, daß Äpfel mit Birnen verglichen werden. Der Bauherr kann also verläßlich erkennen, welches der Angebote das günstigste ist.

Zwei Kachelöfen mit Warmluftöffnungen und drei Nachtspeicheröfen, das war die ganze Ausrüstung, die wir vorfanden – 50er-Jahre-Standard eben. So war von Beginn an klar, daß die Heizung grundlegend erneuert werden mußte. Wir stellten uns eine Gas-Zentralheizung vor, dazu eine kleine Solaranlage, um das Trinkwasser zu erwärmen. Eine größere Solaranlage, die auch die Heizung unterstützt, kam für uns nicht in Frage. Energetisch sinnvoller wäre freilich eine Außendämmung des Hauses gewesen, doch für diese kostspielige Maßnahme hatten wir im Moment nicht die Mittel.

Die Gas-Heizung wünschten wir uns als Therme unters Dach. Daneben ließe sich der Speicher bequem platzieren. Vorteil dieser Lösung: Der Schornstein blieb frei für eine Feuerstätte, die wir später einmal nachrüsten wollten.

Nicht viel besser als bei der Heizung sah es auf der Sanitärseite aus: Die Ausstattung war sichtlich in die Jahre gekommen, keine Dusche war vorhanden. Unsere Überlegungen gingen dahin, das Bad im Dachgeschoß zu vergrößern und zum Hauptbad auszubauen. Im mittleren Geschoß würde ein Gäste-WC ausreichen, und ganz unten im Erdgeschoß wollten wir neben dem Gästezimmer ein kleines Bad einrichten, indem die Wand zwischen bisherigem WC und der daneben liegenden Abstellkammer herausgerissen würde.

Unser Architekt Armin Junger empfahl uns angesichts des erklecklichen technischen und finanziellen Volumens, einen Spezialplaner zusätzlich zu Rate zu ziehen. Die Investition in diesen Planer, vier Prozent der Vergabesumme plus Mehrwertsteuer, würde sich auf jeden Fall lohnen.

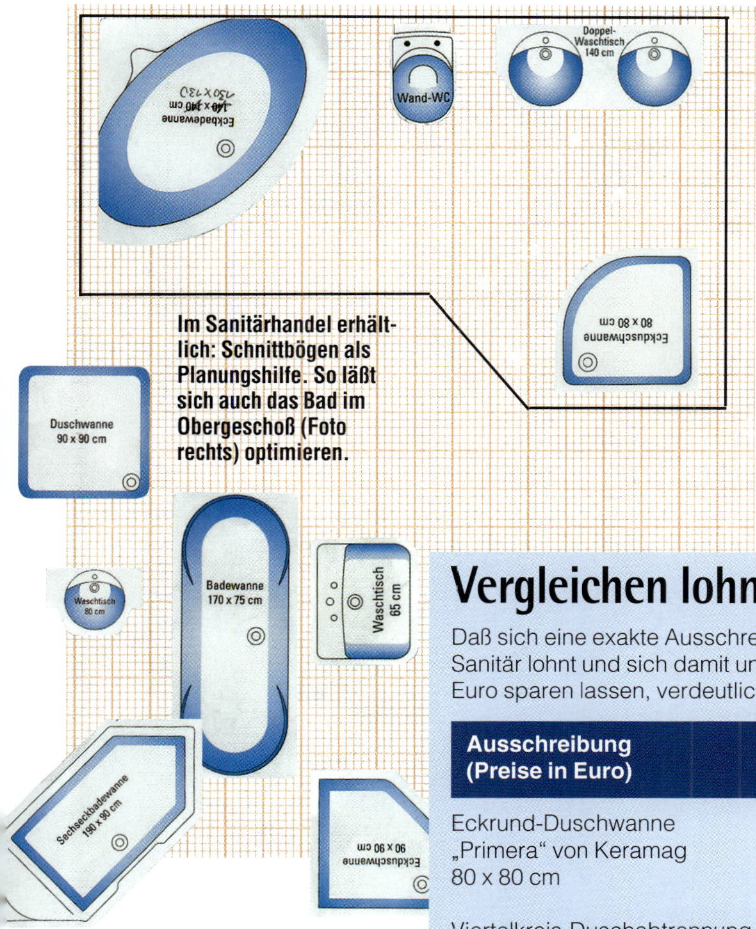

Im Sanitärhandel erhältlich: Schnittbögen als Planungshilfe. So läßt sich auch das Bad im Obergeschoß (Foto rechts) optimieren.

Diese Leitungen sind dringend zu ersetzen. Saubere Planung (siehe Grafik Seite 62) wird im neuen Bad für noch mehr Wasserspaß sorgen.

Vergleichen lohnt sich

Daß sich eine exakte Ausschreibung im Bereich Heizung und Sanitär lohnt und sich damit unter Umständen mehrere Tausend Euro sparen lassen, verdeutlichen die folgenden Beispiele.

Ausschreibung (Preise in Euro)	Angebot 1	Angebot 2
Eckrund-Duschwanne „Primera" von Keramag 80 x 80 cm	87,40	234,50
Viertelkreis-Duschabtrennung „Tendra" von Koralle	1249,25	1526,50
Zu- und Ablaufgarnitur für Waschtisch, bestehend aus: WT-Befestigungen Nr. GO 5, „Hansa Mix" Einhandmischer Nr. GD 113, 2 Eckventile Nr. GH 11, Ablaufventil 1 1/4 " Nr. GE 16, Tassen-Geruchsverschluß 1 1/4 " Nr. GE 22	132,00	182,50
gesamt plus 16 % MwSt.	1968,65 234,98	1943,50 310,96
Summe	**1709,63**	**2254,46**

Dies sind nur wenige Beispiele aus der umfangreichen Ausschreibung. Bei einem Posten lag Angebot 2 um das 9(!)-fache höher als Angebot 1. Insgesamt war Angebot 1 um ca. 3500 Euro günstiger als Angebot 2. Und das, obwohl es auch Posten gab, bei denen Angebot 2 deutlich billiger war als Angebot 1.

Wir folgten dieser Empfehlung und beauftragten Dipl.-Ing. Hermann Kittel aus Rottenburg-Oberndorf mit der Planung. Bei einem Vor-Ort-Termin machte sich der erfahrene Heizungsfachmann ein Bild vom Zustand der Altanlagen und ließ sich von Architekt Junger das gesamte Vorhaben erläutern. Raum für Raum wurden Art und Platzierung der zu installierenden Heizkörper besprochen. Daraus berechnete Kittel dann die Leistung der einzelnen Heizkörper.

Was die Gas-Zentralheizung betrifft, schlug Kittel vor, den Speicher nicht auf den Dachboden zu stellen, sondern unten in den Keller. Er führte drei Gründe hierfür an:

1. die Statik: Wegen der Solarenergienutzung wird statt eines 160-Liter-Speichers ein 400-Liter-Speicher benötigt, der in gefülltem Zustand ein ordentliches Gewicht hat.

2. die Sicherheit: Der Fall, daß ein Speicher leckt, ist zwar unwahrscheinlich, aber wenn er eintritt und der Speicher befindet sich oben auf dem Dachboden, läuft das Wasser im schlimmsten Fall durch das ganze Haus.

3. die Führung der Leitungen: Vom Brenner laufen die Leitungen fast nur durch Abstellräume nach unten zum Speicher, so daß kein nennenswerter Wohnraum verlorengeht. Vom Speicher lassen sich die Leitungen wenig störend im Untergeschoß verteilen und dann in wenigen Steigsträngen elegant nach oben in die Wohn- und Schlafräume führen.

Auch ein paar Hausaufgaben gab uns Kittel mit auf den Weg. Bei Heizung und Solaranlage hatten wir uns bereits früh für Produkte aus dem Hause Bosch Junkers entschieden. Aber wir mußten uns auch darüber klar werden, welche Waschbecken, Badewanne, Armaturen etc. wir wollten und ob wir Sonderwünsche hinsichtlich der Heizkörper hätten. In weiteren Gesprächen legten wir schließlich die Details fest.

Wie im Fall unseres Architekten Armin Junger war es ebenso beruhigend zu wissen, daß wir mit Hermann Kittel einen Heizungsplaner zur Hand hatten, den man jederzeit um Rat fragen konnte. Als wir beschlossen, den Heizkörper in der (zum Wohnzimmer offenen) Küche doch wegzulassen, berechnete Kittel rasch die entsprechend größere Dimensionierung der Wohnzimmer-Heizkörper.

Beim Renovieren ist immer eine optimale Wärmebilanz des Gebäudes anzustreben. Doch wer mit seinem Budget haushalten muß, überlegt sich die einzelnen Schritte sehr wohl. Prioritäten gilt es pragmatisch und wirtschaftlich vernünftig zu setzen. Ein Tübinger Bauherr berichtet ■

Die Solarenergienutzung findet – auch dank staatlicher Förderprogramme – viele Anhänger, besonders Kollektoranlagen zur Warmwassererwärmung. Eine optimale Ausbeute läßt sich erzielen, wenn das Dach 45° geneigt ist und genau nach Süden zeigt.

Viel Energie sparen in Raten

Jeder Bauherr, der ein Althaus renoviert, muß sich früher oder später mit Energiefragen auseinandersetzen. Mit welchen technischen Mitteln und unter welchem finanziellen und baulichen Aufwand läßt sich das Gebäude so herrichten, daß es am Ende eine ordentliche Energie- und Emissionsbilanz vorweisen kann?

Das Maximalprogramm, das wir theoretisch hätten absolvieren können, umfaßte eine ganze Reihe von Maßnahmen (siehe nebenstehenden Kasten). Die Verwirklichung des ganzen Katalogs wäre uns – wie wohl den meisten – zu teuer gekommen, so dass wir überlegten, welche Maßnahmen wir sofort in Angriff nehmen und welche wir uns eventuell für später aufheben wollten.

Von der Wärmebilanz betrachtet ist es sicher am wirkungsvollsten, das Gebäude zu dämmen. Das ist zumindest die Ansicht der einschlägigen Fach-Gurus. Diese argumentieren freilich rein technisch-wissenschaftlich. Als Bauherr muß man aber nach wirtschaftlichen und pragmatischen Gesichtspunkten Entscheidungen treffen. Und da fallen die Prioritäten unter Umständen anders aus.

Maximalprogramm für Energiesparmaßnahmen

Dämmung der Außenwand	15000 €
Dämmung des Daches	6000 €
Brennwertheizung (inkl. Leitungen und Heizkörper)	17500 €
Fenster (und Haustüren)	12500 €
Solarkollektoranlage (Solarthermie)*	6000 €
Solarstromanlage (Fotovoltaik, Spitzenleistung)	10000 €
Summe	67000 €

Alle Preisangaben inkl. Montage, bezogen auf das hier vorgestellte Beispiel
* Nur zur Trinkwassererwärmung. Bei einer Anlage inklusive Heizungsunterstützung ist mit Kosten von 9–10000 Euro zu rechnen.

So auch bei uns. Wir entschieden uns dafür, die Fenster und Haustüren sofort auszutauschen und zum anderen, eine moderne, schadstoffarme Brennwertheizung zu installieren (hierzu folgt gleich auf den Seiten von 66 bis 69 ein Extra-Bericht). Außerdem beschlossen wir, die Heizung mit einer kleinen Solarkollektoranlage zu kombinieren, die das Trinkwasser erwärmt.

Mit drei Flachkollektoren des Typs „FK 260" von Bosch Junkers erreichen wir die beachtliche Kollektorfläche von 7,8 Quadratmetern. Etwa 60 Prozent des gesamten Energiebedarfs für die Warmwasserbereitung schätzen wir übers Jahr gerechnet mit Hilfe der Sonnenenergie decken zu können. Im Sommer sogar 100

Prozent. Ansonsten sorgt unsere Heizanlage, eine Wand hängende Brennwerttherme „Cerapur“, ebenfalls von Bosch Junkers, für die Nachheizung auf die gewünschte Temperatur.

Eine große Solarkollektoranlage, die zugleich auch die Heizung unterstützt, wäre erstens teurer gekommen und zweitens nur sinnvoll gewesen, wenn wir die Außenfassaden unseres Hauses hätten dämmen lassen. Diese Investition in die Außendämmung jedoch wollten wir für ein paar Jahre zurückstellen. Zum einen wegen der Kosten, zum anderen, weil man bei diesem Gewerk die Handwerker nur am, aber nicht im Haus hat. Und schließlich hoffen wir auch, unsere Nachbarn von der anderen Doppelhaushälfte in ein paar Jahren für eine Außendämmung erwärmen zu können, denn eine konzertierte Aktion hilft nochmals sparen.

Ironie am Rande: Unsere Entscheidungen führten dazu, daß wir im Moment mit unseren Fenstern (U-Wert der Verglasung 1,1 W/m²K) einen besseren Wärmedämmwert erreichen als mit unserer 24 Zentimeter dicken Außenwand. Aber warum sollte ausgerechnet das Bauherrenleben frei von Widersprüchen sein?!

Noch ein Wort zur Produktion von Solarstrom: Als wir unsere Entscheidungen trafen, war der Fotovoltaikboom, der im Frühjahr 2000 einsetzte, auf dem Höhepunkt. Gleichzeitig brach das 100000-Dächer-Programm der Kreditanstalt für Wiederaufbau mit seinen zinslosen(!) Krediten wegen zu großer Nachfrage vorläufig zusammen. Es zeichnete sich ab, daß die neuen Förderrichtlinien nicht mehr ganz so attraktiv sein würden und daß eventuell für das laufende Jahr keine Gelder mehr verfügbar sein würden. Außerdem: Eine Fotovoltaikanlage bedeutet immer noch eine zusätzliche Investition, die durch die Förderung allein nicht vollständig finanziert werden kann (siehe Kasten). Wer den entsprechenden finanziellen Spielraum hat, für den ist der auf 20 Jahre hinaus garantierte Erlös von um die 50 Cent (dieser Betrag verringert sich von Jahr zu Jahr) pro erzeugter Kilowattstunde Strom eine feine Sache.

Auch in Energiefragen gilt: Es gibt kein Patentrezept. Jeder Bauherr muß seine Prioritäten setzen.

Solarthermie: Zwei Wege, Geld vom Staat zu bekommen

1. Finanzamt

Das Eigenheimzulagengesetz umfaßt eine Ökokomponente, die auch im Jahr 2001 noch gültig war. Demnach erhält ein Bauherr, der sich eine Solarkollektoranlage anschafft, acht Jahre lang 2% der Anschaffungskosten, höchstens jedoch 250 Euro jeweils am 15. März zusätzlich zur Eigenheimzulage ausgezahlt.
In unserem Fall bedeutete das bei Kosten von 6000 Euro für die Anlage

8 x 120 Euro = 960 Euro

Info: Örtliches Finanzamt

2. Bundesamt für Wirtschaft (BaWi)

Die Höhe dieser Förderung richtet sich im Augenblick noch (Stand: Ende 2001) nach der Größe der Kollektoren. Für Flach- und Vakuumröhrenkollektoren gibt es 85 Euro pro Quadratmeter Kollektorfläche. Die Mittel sind begrenzt, wer zuerst kommt, mahlt zuerst; der Antrag muss vor Beginn der Maßnahme gestellt werden. In unserem Fall erbrachte dieser Weg mit Flachkollektor FK 260 von Bosch Junkers

7,8 m² x 85 Euro = 663 Euro

Info: Tel. 06196/404-0, Fax 06196/94226; www.bawi.de

Die Förderung des BaWi hat den Vorteil, daß die Summe sofort in einem Betrag ausgezahlt wird, während sich die Finanzamtvariante über acht Jahre erstreckt. Wegen des angenehm einfachen Handlings bevorzugten wir aber das Finanzamt als Geldgeber. Je größer die Solarkollektoranlage, um so besser schneidet die BaWi-Förderung ab.

Strom von der Sonne: Anlagenkosten und Förderung

Fotovoltaikanlagen werden im Rahmen des 100000-Dächer-Programms der Kreditanstalt für Wiederaufbau (KfW) gefördert. Anlagen müssen eine Spitzenleistung von mindestens 1 Kilowatt peak (1 kWp) erbringen. Laufzeit des Darlehens 10 Jahre, Nominalzins 1,9%, maximal 2 tilgungsfreie Jahre. Der Förderbetrag liegt bei maximal 6750 Euro pro kWp.

Die Kosten für eine Anlage mit 1 kWp liegen bei ca. 7500 bis 10000 Euro. Um den gesamten Bedarf einer vierköpfigen Familie zu decken (angenommener Jahresverbrauch bei sehr sparsamer Haushaltsführung: 2000 kWh), werden etwa 3 kWp Leistung benötigt. Hierfür braucht man nicht nur 25000 bis 30000 Euro für die Anschaffung (abzüglich 20250 Euro Förderung), sondern auch rund 30 Quadratmeter Dachfläche.

Nach dem „Erneuerbaren-Energien-Gesetz“ wird dem Betreiber einer Solarstromanlage im Jahr 2002 jede erzeugte Kilowattstunde (kWh) mit 48 Centy vergütet. Bei einem Stromertrag von beispielsweise 800 kWh (bei 1 kWp) bedeutet dies einen Betrag von rund 375 Euro pro Jahr.

Infos und aktuelle Konditionen: Tel. 01801/335577 (Ortstarif), Fax 069/743164355; www.kfw.de

Der dank seiner speziellen Beschichtung besonders leistungsfähige Flachkollektor vom Typ „FK 260“ von Bosch Junkers wird von den Handwerkern sorgfältig festgezurrt für den Transport aufs Dach.

In luftiger Höhe fixiert der Fachmann den Tragerahmen für die Kollektoren. Vorteil der Aufdach- gegenüber der Indachmontage: Die Dacheindeckung kann geschlossen bleiben.

Die insgesamt drei Kollektoren werden auf dem Dach ausgepackt und dann montiert. Anschließend werden sie miteinander verbunden.

Es gibt kaum ein Althaus, das nicht einer gründlichen Heizungsmodernisierung bedarf. Auch unsere Tübinger Baufamilie ließ ihr Haus entsprechend auf Vordermann bringen. Mehr zu Technik, Verlauf und Kosten im folgenden Beitrag ■

Komfort und Gestaltung vereint

Daß die Zentralheizung noch eine relativ junge Errungenschaft ist, zeigt sich an Häusern, die wie unseres etwa 40 Jahre alt sind. Auf zwei Etagen befanden sich jeweils ein Kachelofen mit Heizeinsatz und Warmluftöffnungen. Befeuert wurde mit Holz und Kohle. Irgendwann waren Nachtspeicheröfen nachgerüstet. Elektrische Boiler sorgten für Warmwasser.

Von vornherein war klar, daß wir auf die vorhandene Ausstattung nicht zurückgreifen, sondern diese komplett entsorgen wollten. Die Kachelöfen bauten wir selber ab. Dazu genügten Hammer und Meißel für den Kachelmantel und ein Schraubschlüssel, um die enorm schweren Heizeinsätze zu demontieren.

Bequem ließ sich die kompakte Brennwert-Therme von Bosch Junkers auf dem Dachboden installieren. Die Leitungen führen senkrecht in den Keller zum Speicher samt diversen Geräten, wo der Heizungs-Installateur die Bauleute in die Feinheiten des Betriebs einweist (Foto ganz links).

Form- und Farbschönheit, Funktionalität und Anpassungsfähigkeit zeichnen den Badwärmekörper „Universal" von Zehnder aus.

Übrigens: Wie immer auf der Baustelle, lohnte es sich, den Abfall zu separieren. Dann kostet die Entsorgung des entsprechenden Materials einiges weniger als bei gemischtem Abfall. Das war hier eine relativ leichte Übung. Denn im wesentlichen fielen nur Altmetall und Bauschutt an.

Bei den Nachtspeicheröfen war das leider nicht so einfach – es stellte sich heraus, daß diese asbesthaltig waren. Das verteuerte die Entsorgung ziemlich: Rund 650 Euro mußten wir dafür berappen.

Doch genug der Altlasten. Da es in der Straße bereits Gas-Anschluß gab, wurde uns die Entscheidung für den Energieträger gleichsam abgenommen. Denn eine Ölheizung hätte das Aufstellen von Tanks notwendig gemacht, die wiederum wertvollen Platz in Anspruch genommen hätten. So mußte der bisher unbenutzte Anschluß lediglich von den Stadtwerken aktiviert und mit einem Zähler versehen werden, damit eine Gasleitung vom Installateur gelegt werden konnte.

Über die Planung mit einem speziellen Heizungsfachmann haben wir bereits früher berichtet. Ergebnis dieser Planung war, daß eine Brennwerttherme unters Dach platziert wurde, um die Abgase direkt durchs Dach abzuführen. Dadurch blieb der vorhandene Schornstein frei für einen Kamin, den wir eventuell in ein paar Jahren einbauen wollen. Der Solarspeicher mit 400 Litern Fassungsvermögen fand seinen Platz im Keller, sinnigerweise dort, wo früher Kohlen gelagert wurden. Von dort aus waren dann die Leitungen zu verteilen.

Die Installation stellt einen gehörigen Eingriff in die Bausubstanz dar. Viele Decken und Wände müssen durchbrochen – und später wieder geschlossen werden. Gestalterische Gesichtspunkte kommen hinzu. Da unsere Außenwände nur eine Dicke von 24 Zentimetern haben, gab es keinen Spielraum, hier Leitungen durchzulegen, das

Situation vorher

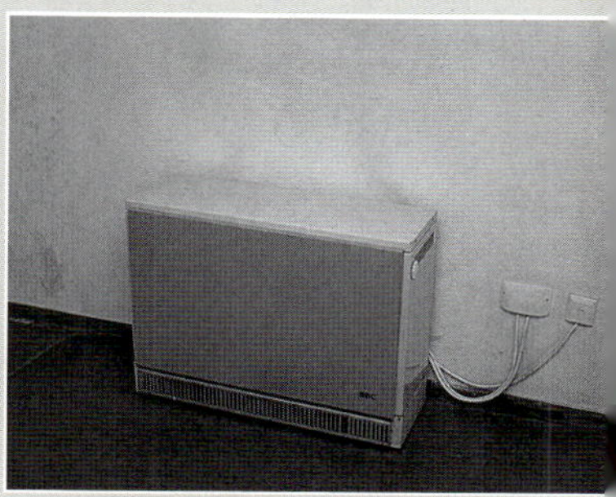

Ein Griff in die Heizungs- und Warmwasser-Mottenkiste. So wie hier sieht es in vielen Althäusern aus. Das Wasser wird dezentral mit Hilfe von elektrisch betriebenen Durchlauferhitzern erwärmt. Für mehr oder weniger Wärme sorgen Kachelöfen mit Warmluftöffnungen, oftmals asbesthaltige Nachtspeicheröfen und elektrische Heizregister.

Der Heizkörper „Yucca Mirror" mit geschwungenem Spiegel wertet den Eingangsbereich auf und ist in zweifacher Hinsicht ein Blickfang.

Schlanker Körper, elegante Linien: Für das Heizpaneel „Nova" von Zehnder können sich alle Generationen erwärmen. Und die Feuerwehr braucht nicht einzugreifen.

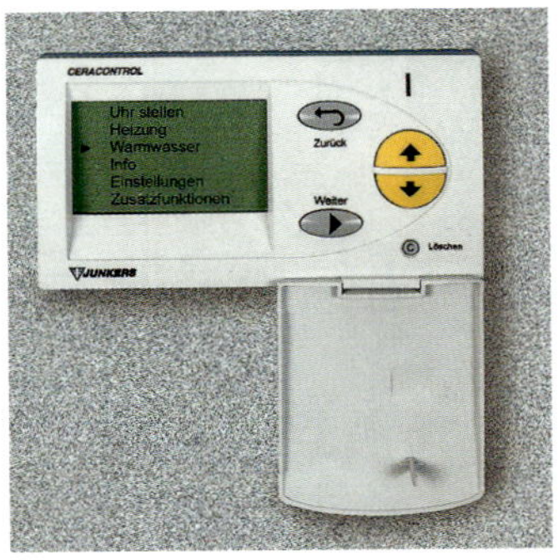

Man muß heutzutage kein Softwarespezialist mehr sein, um die Heizung steuern zu können.

Wo früher Kohlen gebunkert wurden, stehen nun wichtige Bestandteile der Brennwert-Komfortheizung von Bosch Junkers: Solarspeicher (weiß), Zirkulationspumpe (schwarz), Ausdehnungsgefäß (rot) und Auffangbehälter (blau). Letzterer muß in der Lage sein, den ganzen Inhalt der Solarkollektoren aufzunehmen.

heißt, auch die senkrecht verlaufenden Stränge mußten durch die Räume geführt und später von Gipser und Maler entsprechend getarnt werden.

Bei den Heizgeräten fiel unsere Wahl frühzeitig auf Produkte von Bosch Junkers. Damit war auch gewährleistet, daß wir sowohl Brennwertgerät als auch Speicher und Solaranlage aus einer Hand beziehen konnten. Da wir die Außendämmung unseres Hauses erst in ein paar Jahren anbringen werden, mußte die Leistung der Heizanlage entsprechend üppig bemessen werden. Bei dem Brennwertgerät handelt es sich um eine wandhängende Therme mit einer Heizleistung, die von 7 bis 25 Kilowatt reicht.

Bei den Heizflächen fanden wir einen Kompromiß: Einerseits wählten wir günstige, konventionelle Kompaktheizkörper, anderseits wollten wir an ausgesuchten Stellen auf designorientierte Wärmekörper der Firma Zehnder zurückgreifen (siehe Abbildungen). Im Wohnzimmer ließen wir „Nova Paneele" einbauen, die aufgrund ihrer Schlankheit und der horizontalen Linien besonders elegant wirken. Dem Eingangsbereich verleiht ein Heizkörper „Yucca Mirror" Pfiff dank seines Spiegels mit geschwungenem Rand. Auch im Haupt- und im Gästebad kamen Zehnder-Heizkörper – in schönem Ultramarinblau – zum Einsatz. Im winzigen Gästebad war es

Handwerker in Verzug – Was tun?

Die Gewerke Heizung und Sanitär sind bei der Modernisierung umfangreiche und zentrale Gewerke, da sie das ganze Haus betreffen. Wir hatten das Pech, einen Handwerksbetrieb zu beauftragen, der seine Arbeiten zwar ordentlich machte, aber höchst unzuverlässig war, weil er eine andere Baustelle bevorzugte. Oft erschienen die Mitarbeiter dieses Betriebs tagelang überhaupt nicht. Auch wiederholtes telefonisches Drängeln seitens des Architekten bzw. durch uns half auf Dauer nicht.

Dadurch verzögerten sich die Modernisierungsarbeiten – und unser Umzug – um etwa vier bis sechs Wochen. Das wiederum verursachte höhere Kosten: Die **Miete** in der bisherigen Wohnung war länger zu bezahlen, es fielen mehr **Bereitstellungszinsen** an für nicht abgerufene Darlehensteile. Das erste Jahr **Eigenheimzulage** war ebenfalls gefährdet, da es lange Zeit so schien, als würden wir den Umzug nicht mehr im alten Jahr schaffen.

Um hier später Ansprüche gegenüber dem Verursacher geltend machen zu können, ist es ratsam, den Handwerker **schriftlich** auf die Tatsache hinzuweisen, daß er wirtschaftlichen Schaden beim Bauherrn verursacht. Unser Architekt Armin Junger, Tübingen, schickte schließlich ein Fax mit folgendem Inhalt: *„Mit diesem Schreiben setze ich Sie förmlich in Verzug. Sie müssen damit rechnen, daß sämtliche Unkosten, die durch Ihre nicht fristgerechte Fertigstellung der Arbeiten entstanden sind und noch entstehen, Ihnen berechnet werden. Zur Zeit sind u. a. folgende Handwerker konkret am Weiterarbeiten durch Sie behindert: Fliesenleger, Elektriker, Gipser."*

Darüber hinaus **führten wir Buch**, welche Leistungen wir selbst anstelle des Heizung-/Sanitärbetriebes erbringen mußten, um den Fortgang der Arbeiten nicht zu behindern. Als eines Tages wieder mal Stillstand war, suchten wir mit unserem Architekten den Handwerker direkt in seinem Betrieb auf, um ihn zu stellen. Wie viel Prozent von der Schlußrechnung abgezogen werden, wird mit dem Architekten/Bauleiter in seiner Funktion als Rechnungsprüfer abgesprochen.

Architekt Armin Junger inspiziert die Brennwert-Therme auf dem Dachboden, von der die Abgase direkt durchs Dach abgeführt werden können.

Die gedämmten Heizleitungen durchziehen das ganze Haus, was bisweilen fast bizarre Formationen ergibt. Nicht immer ist es notwendig, die Leitungen zu verkleiden, etwa in Keller- oder Abstellräumen. In den Wohnräumen sorgt der Gipser für die richtige Tarnung.

von großem Vorteil, daß es den Badwärmekörper „Universal" in allen möglichen Formaten gibt und so auch an diese knifflige Raumsituation angepaßt werden konnte.

Die Frage, die sich nach dem Einbau der Heizung stellte, war, ob wir mit der Steuerung zurechtkommen würden. Bislang hatten wir in unserer früheren Wohnung einfach die Thermostate raumweise auf- und zugedreht. Angesichts von 18 Heizkörpern, die sich auf vier Stockwerke verteilen, kam das natürlich nicht mehr in Frage. Glücklicherweise stellte sich das Problem als gar keines dar. Die heutige Generation von zentralen Heizungsregelungen ist so komfortabel und einfach zu bedienen, daß es leichter als gedacht war, sich daran zu gewöhnen. Die Junkers „Ceracontrol TA 250" wurde an einem zentralen Ort – in der Abstellkammer des Wohngeschosses – installiert und ist problemlos zu programmieren. Deshalb konnten wir den Betrieb exakt unseren Bedürfnissen entsprechend einstellen. So stellt die Heizung von Montag bis Freitag ab 4.30 Uhr von Spar- auf Normalbetrieb um, damit der erste Frühaufsteher um 5.15 Uhr ein warmes Bad vorfindet. Um 9.00 Uhr dann, wenn die ganze Familie in der Regel außer Haus ist, wird wieder auf Sparbetrieb umgeschaltet. Fürs Wochenende haben wir die entsprechend veränderten Daten eingegeben.

Man ist durch diese Programmierungen aber nicht in ein starres Schema eingebunden. Vielmehr kann man mit einem Knopfdruck auf geänderte Rahmenbedingungen reagieren. Wenn eine Party ansteht, sorgt die Aktivierung der Taste „Dauerheizung" dafür, daß die Heizung nicht um 23.50 Uhr in den Sparbetrieb umschaltet. Anderes Beispiel: Besteht während einer Normalheizphase der Wunsch zu lüften, genügt ein Druck auf die Taste „Sparbetrieb".

Insgesamt läßt unsere Heizausstattung in punkto Form und Funktion keine Wünsche offen. Es handelt sich zwar um eine erkleckliche Investition, aber andererseits helfen Förderungsprogramme weiter. Was die Solaranlage erbringt, wird sich mit der Zeit weisen.

Gute Planung ist das A und O: Architekt Armin Junger und Heizungsplaner Hermann Kittel besprechen vor Ort und mit Hilfe der Pläne die anstehenden Maßnahmen.

Kosten für Heizung & Heizkörper

Die Kosten für die Heizanlage sind gemäß Ausschreibung auf mehrere Posten verteilt. Um zu verdeutlichen, wie stark die einzelnen Preise sich unterscheiden können, sind zwei Angebote aufgeführt:

	Angebot 1	Angebot 2
Kesselanlage mit Zubehör	9 001,0 €	8 850,0 €
Heizflächen mit Zubehör	4 188,5 €	6 111,5 €
Rohrleitungen mit Zubehör	4 439,5 €	2 316,5 €
Wärmeschutzisolierung	740,0 €	1 041,0 €
Insgemeinkosten (Transport, Einweisung in die Anlage)	183,5 €	60,0 €
Taglohnarbeiten (Durchbruch- und Stemmarbeiten, unvorhersehbare Sonderleistungen)	532,0 €	626,5 €
Zwischensumme	19 084,5 €	19 005,5 €
Mehrwertsteuer 16 %	3 053,5 €	3 041,0 €
Gesamt	22 183,0 €	22 046,5 €

Besonders auffallend sind hier die Unterschiede bei den Heizkörpern und den Rohrleitungen, wobei sich beide Angebote letztlich zu einem Nullsummenspiel ergänzen. Nicht immer wird man sich für das günstigste Angebot entscheiden. Zum Beispiel, wenn der auf den ersten Blick günstigere Anbieter mit den Arbeiten erst vier Wochen später beginnen kann als der teurere.
Da einige andere Gewerke von Heizung (und Sanitär, was oft der gleiche Handwerker übernimmt) abhängen, muß man sorgfältig abwägen, welches Angebot letztlich tatsächlich am günstigsten kommt.
Tip: Für die Heizungmodernisierung gibt es zahlreiche Töpfe mit **Fördermitteln:** Von der Kreditanstalt für Wiederaufbau (Programm CO_2-Reduzierung) bis hin zu Ländern, Kommunen bzw. Stadtwerken.

Auch eine kleine Küche kann den Anforderungen einer vierköpfigen Familie voll gerecht werden. Und durch die Öffnung zum Wohnzimmer wirkt sie automatisch um einiges größer, als sie in Wirklichkeit ist.

Kommunikativ und kostengünstig

Der Mensch lebt zwar nicht vom Brot allein, aber das ändert nichts an der Tatsache, daß die Küche ein wichtiger Ort im häuslichen Leben ist. Trotzdem, das zeigt unsere Live-vor-Ort-Geschichte, muß eine Küche nicht immer gleich ein Vermögen kosten ■

Als wir uns an die Küchenplanung machten, war nicht nur klar, daß wir die betagten Möbel nicht übernehmen wollten, sondern daß auch die winzige Fläche von nur 5,5 Quadratmetern vergrößert werden sollte. Freilich: Eine Werbeprospektküche mit 30 Quadratmetern und einer Einrichtung für 25000 Euro oder noch mehr hatten wir nicht im Sinn.

Die innerfamiliäre Diskussion drehte sich zunächst um die Frage, ob wir die Küche abschließen oder zum Wohnzimmer offen gestalten würden. Ich hegte aus der bisherigen Wohnerfahrung die Befürchtung, daß bei einer offenen Küche Gerüche und die herumliegenden Koch-Utensilien die Qualität des Wohnzimmers beeinträchtigen würden und daß durch die fehlende Wand zu viel Platz verlorenginge. Zudem höre ich, wenn ich am Wochenende koche, gern laut Musik oder auch mal die Schlußkonferenz der Fußball-Bundesliga und möchte nicht das Gefühl haben, jemanden dadurch zu belästigen.

Meine Frau war von Anfang an für die offene Küche. Die

Für die Planung ausgiebig Zeit nehmen – zuerst im Familienkreis, dann mit dem Berater. Dieser sollte auf Ihre Wünsche eingehen. Und versuchen Sie, gute Vorschläge aufzunehmen.

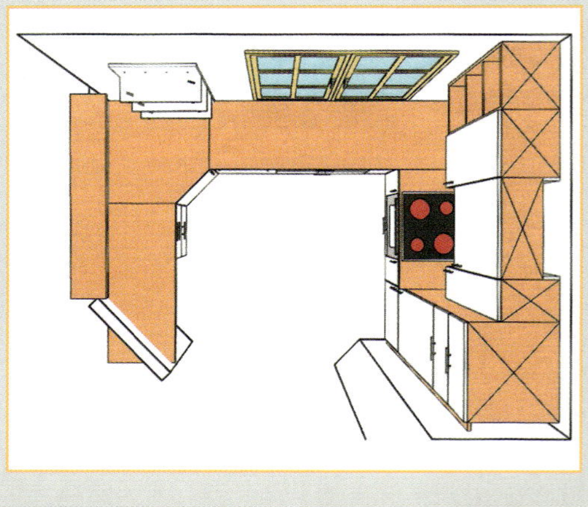

herrliche Aussicht und das viele Sonnenlicht waren nicht unerheblich. Noch wichtiger war ein anderes Argument: „Ich verbringe so viel Zeit in der Küche, da möchte ich nicht vom Rest des Hauses und von den anderen isoliert sein." Wir einigten uns schließlich auf eine offene Lösung mit einer Theke, jedoch ohne direkte Wegverbindung zum Wohnzimmer. Um es gleich vorweg zu nehmen: Heute können wir es uns alle absolut nicht mehr vorstellen, daß die Küche ein vom restlichen Geschehen völlig abgetrennter Raum wäre.

Nachdem diese Diskussion abgeschlossen war, konnten wir uns der Frage zuwenden, von wem wir unsere Küche beziehen wollten. Hier gibt es grundsätzlich mehrere Alternativen. Ein renommiertes, also auch teures Küchenstudio schied für uns von vornherein aus, da wir an uns selbst nicht den Anspruch hatten, mit einer topgestylten Vorzeigeküche aufzuwarten, vor allem aber, weil wir weder bereit noch fähig waren, sehr viel Geld in die Küche zu investieren.

Wir ließen zwei Planungen machen, einmal von einer auf

Ein Sitzplatz in der Küche war für uns ein absolutes Muß. So wie er hier neben dem Schornstein platziert wurde, kann man bequem Schnippelarbeiten verrichten und gleichzeitig die Aussicht genießen.

Küchen spezialisierten Schreinerei, zum andern von einem Möbelhaus. Es zeigte sich, daß sich der Aufwand der Parallelplanung lohnte, denn das Angebot des Möbelhauses Rieger in Reutlingen war für uns von der Funktionalität, Ästhetik und auch vom Preis her attraktiver, so daß uns die Wahl nicht schwer fiel.

Uns überraschte die ausgezeichnete Planungsqualität durch die qualifizierte Mitarbeiterin, die sich sehr viel Zeit nahm, auf unsere Wünsche einging und auch computertechnisch auf dem neuesten Stand war. So fertigte sie verschiedene Grundrisse und 3-D-Zeichnungen an, die uns die Entscheidungsfindung erheblich erleichterten.

Wir entschieden uns für ein Küchenprogramm, das uns in

3-D-Zeichnungen sind für Sie äußerst hilfreich, um Ihr räumliches Vorstellungsvermögen zu unterstützen. Fragen Sie Ihren Berater vorab, ob er in der Lage ist, solche Zeichnungen anzufertigen.

Situation vorher

Neben dem Kachelofen steht noch die Wand, die entfernt wurde. Zur Orientierung ist der Kamin hilfreich (zweites Bild von unten und großes Bild oben, neben dem Hocker), um den herum die Theke gemauert wurde. Wegen der Höhe der Arbeitsplatte mußte die Fensterbrüstung erhöht werden.

Eine gute Belichtung ist wichtig für die Arbeit in der Küche. Während die beiden Pendelleuchten die Theke in Szene setzen, versorgen die beiden Strahler das Kücheninnere mit Licht.

Diese Theke ist 1,15 m hoch und mit einer Platte (mit Multiplexkante) abgedeckt. Das Wandpaneel mit den Glasböden wirkt nicht so massiv wie ein Oberschrank. Dadurch erscheint die Küche vom Wohnzimmer aus leichter.

der Ausstellung am besten gefallen hatte. Als Frontfarbe wählten wir ein Weiß, übrigens wegen der rötlichen Bodenfliesen auch für den Sockel. Als Arbeitsplattendekor wollten wir Buche hell, weil es stimmig ins Gesamtbild paßte. Als kleinen „Luxus“ ließen wir der schönen Linienoptik wegen an der Theke zum Wohnzimmer eine sogenannte Multiplexkante anbringen. In der Küche selbst verzichteten wir aus Kostengründen darauf, genau so wie auf die Stangengriffe (siehe Kasten Einsparmöglichkeiten).

Obwohl die Grundfläche der Küche im Vergleich zum ursprünglichen Zustand größer geworden war, bezogen wir von vornherein zwei nahe gelegene Abstellräume (eine fensterlose Kammer und ein früheres Bad) in die Küchenplanung mit ein. Dadurch mußten wir in der Küche selbst nicht Stauraum um jeden Preis schaffen. So wählten wir gleich neben der Theke statt eines Oberschrankes mit Glastüren ein Wandpaneel mit drei Glasböden. Das war nicht nur erheblich billiger, sondern wirkte auch von der Optik her lockerer, was bei den offenen Küchen nicht unwichtig ist. Weiterer Vorteil der dezentralen Lösung: Wir mußten nur einen kleineren Kühlschrank kaufen, da wir unsere erst wenige Jahre alte Kühl-Gefrierkombination bequem in einem der beiden Hilfsräume unterbrachten.

Die Küchenmodule wurden vorgefertigt antransportiert, so daß der Schreiner den kompletten Kücheneinbau an einem Tag erledigen konnte.

Sehr wichtig war uns, daß bei der Planung ein Sitzplatz vorgesehen wurde. Denn es tut einfach gut, sich zum Zwiebeln schneiden auch hinsetzen zu können. Bei uns bot sich ein Freiraum für den Sitzplatz an der Stelle an, an der die Theke in die diagonale Wand übergeht. Dieser Sitzplatz mit seiner tollen Aussicht lädt auch zur schnellen Tasse Kaffee zwischendurch ein.

Es war schon mehrfach von Kosten und Sparen die Rede. Angesichts der immensen Renovierungskosten, die bei unserem Umbau-Vorhaben anfielen, wollten wir durchaus eine preiswerte Küche, haben aber, so denken wir, nicht am falschen Ende gespart. Bei den Elektrogeräten etwa gab es keine Kompromisse. So investierten wir rund 225 Euro zusätzlich für die geräuschärmste

Vertrauen ist gut, ...

Lesen Sie die **Auftragsbestätigung** genau durch! Bei uns lohnte es sich, denn die Sockelfarbe war falsch ausgewiesen. Wird ein solcher Fehler erst auf der Baustelle bemerkt, kommt es unter Umständen zu wochenlangen Verzögerungen. Nicht immer klappt es mit dem Kücheneinbau so reibungslos wie in unserem Fall. Es empfiehlt sich auf jeden Fall, sich den – schriftlich! – abgemachten **Termin** wenige Tage zuvor noch einmal telefonisch **bestätigen zu lassen.** Auch ist es ratsam, **auf der Baustelle anwesend** zu sein, um gegebenenfalls korrigierend eingreifen zu können. So sprachen wir mit dem ausführenden Schreiner die genaue Platzierung des Wandpaneels und die Anordnung der Glasböden ab. Außerdem machten wir ihn darauf aufmerksam, daß er bei einem Abstand von Oberschrank zur Wand von fünf Millimetern eine Blende anzubringen hatte, die er sonst vergessen hätte.
Tip: Achten Sie darauf, daß eventuell fehlende Einrichtungsgegenstände oder nicht erbrachte Leistungen in einem **Protokoll** festgehalten werden.

Viel Stauraum gewinnt man durch Auszüge. Die kleine Küche bietet genug Platz für all die Utensilien, die man wirklich täglich braucht.

Durch die Glastür gelangt man auf kurzem Weg zu den beiden Abstellräumen. In einem davon befindet sich die Kühl-Gefrier-Kombination.

Spülmaschine, die sich als Volltreffer erwiesen hat. Auch beim Backofen legten wir rund 400 Euro mehr hin, um ein Gerät mit Pyrolysereinigung zu erstehen. Bei diesem Verfahren erhitzt sich der Ofen auf etwa 500 Grad Celsius, alle Fett- und die übrigen Schmutzreste verbrennen, und zum Schluß braucht man nur noch die Asche auszukehren. Ganz verzichtet haben wir auf eine Mikrowelle, ohne die man auch heute sehr gut leben kann.

Auch die Beleuchtung zählte nicht zu den Posten, bei denen wir eine Sparlösung bevorzugten. Allerdings griffen wir nicht auf die üblichen indirekten Einbauleuchten zurück, die man auf den Küchenprospekten meist sieht und die man in dieser Menge nicht wirklich braucht. Wir kamen zu der Einsicht, daß es reichte, wenn wir zur Dunstabzugsbeleuchtung nur noch über der Theke Lichtquellen installieren würden.

Wir entschieden uns für ein Schienensystem mit zwei Strahlern, die das Kücheninnere ausleuchten, und zwei Pendelleuchten mit blauem satinierten Glas, alles vom Hersteller Oligo. Es handelt sich hier um die gleichen Pendelleuchten, wie sie bei uns in Weiß schon seit ein paar Jahren über dem Eßtisch hängen.

Der Auf- und Einbau der Küche ging problemlos vonstatten. Ein Schreiner als Subunternehmer des Möbelhauses und sein Gehilfe lieferten die vorgefertigten Möbelmodule und Elektrogeräte vor Ort an und bauten alles an einem Tag zusammen. Lediglich kleinere Arbeiten waren danach noch zu bewerkstelligen. Nur zwei Träger für die Glasböden des Wandpaneels fehlten, sonst war alles wie bestellt vorhanden.

Insgesamt sind wir sehr glücklich mit unserer Küche und haben das Gefühl, daß wir die richtige Mischung zwischen Sparen und Investieren gefunden haben. Natürlich hat unsere Küche erheblich mehr gekostet als die pure Einrichtung, wenn man die Kosten für Maurer, Gipser, Maler, Glaser, Fliesenleger und Elektriker anteilig einrechnet. Aber auch dann erreichen wir erst einen Betrag, der andernorts nur für die Einrichtung ausgegeben wird.

Das hat die Küche gekostet

Preise inklusive 16 % Mehrwertsteuer	
● Küchenmöbel	4 482,0 €
● Einbauherd mit Pyrolyse	1 124,0 €
● Ceran-Kochfeld	531,0 €
● Dunstabzug mit Flachschirm	399,0 €
● Kühlschrank	439,5 €
● Geschirrspülmaschine	1 012,5 €
● Edelstahlspülbecken	320,0 €
● Spülbeckenarmatur mit Brause	259,5 €
● Montage	197,5 €
● Herdanschluss ab Dose	25,0 €
● Anschluss Dunstabzug	60,0 €
● Summe	8 850,0 €
● Firmenjubiläumsrabatt 10 %	– 885,0 €
● Gesamtpreis	7 965,0 €

Die Kosten für die **Thekenbeleuchtung** beliefen sich auf ca. 875 Euro (inkl. Mwst., aber ohne Montage).
Bei der Berechnung der Kosten für die **Küchenmöbel** werden in der Regel sogenannte „Blöcke" eingerechnet. Das sind Standardzusammenstellungen, die wesentlich günstiger zu haben sind als die Einzelteile zusammengerechnet. Die Ersparnis betrug bei uns rund 30 Prozent. Wer seine Küche (fast) ausschließlich aus einem oder zwei Blöcken zusammenstellt, kann noch mehr Prozente einsparen.
Um die **Gesamtkosten** für die Küche zu ermitteln, wären anteilig die Kosten für Maurer, Gipser, Maler, Glaser, Fliesenleger und Elektriker zu berücksichtigen.
Tip: Vor allem bei Möbelhäusern gibt es immer wieder Räumungsverkäufe und Sonderangebote oder wie in unserem Fall Jubiläumsrabatte. Es lohnt sich unbedingt, darauf zu achten.

Tips für Einsparmöglichkeiten

- Ursprünglich gefielen uns die langen Stangengriffe sehr gut. Wir überlegten, ob uns diese Griffe die 19 x 20 Euro = 380 Euro Aufpreis wert wären, und entschieden mit einem Nein.
- Weil uns die Linienoptik einer Multiplexkante sehr zusagte, wollten wir die Arbeitsplatte damit ausstatten. Auch hier verzichteten wir, ließen aber die Thekenplatte mit dieser Kante versehen. Trotzdem blieb eine Einsparung von rund 500 Euro übrig.

- Das dekorative und zugleich nützliche Wandpaneel mit drei Glasböden hat uns rund 200 Euro weniger gekostet als der zuvor geplante Oberschrank mit zwei Glastüren.
- Die einzelnen Sparposten erscheinen zunächst nicht sehr ergiebig, aber als Modernisierer hat man einige große und viele, etwa 30 bis 50 kleine Entscheidungen zu treffen, und das multipliziert mit 350 oder 400 Euro ergibt eine erkleckliche Summe.

Mehr Durchblick und weniger Energieverbrauch

Eine grundlegende Modernisierung schließt meistens auch den Austausch von Fenstern ein. Dabei geht es sowohl um ästhetische als auch um funktionale und energetische Gesichtspunkte. Mehr dazu im folgenden Beitrag aus unserer Serie ■

Da freuen sich Maurer und Gipser. Manchmal ist es mit dem Austausch der Fenster nicht getan: Um in der Küche eine durchgehend gleich hohe Arbeitsfläche zu erhalten, mußte die Brüstung aufgemauert werden.

So wie sich der allgemeine Zustand unseres Hauses darstellte, war klar, daß wir um einen fast kompletten Austausch der Fenster nicht herumkamen. Denn bis auf zwei etwa zehn Jahre alte Exemplare waren die Fenster noch im Ursprungszustand von zirka 1960.

Vor allem energetische Gründe sprachen für eine Modernisierung. Denn es wäre wenig sinnvoll gewesen, einerseits eine moderne Gas-Brennwertheizung zu installieren und gleichzeitig buchstäblich zum Fenster hinaus zu heizen. Außerdem gibt es von der Kreditanstalt für Wiederaufbau (KfW) zinsgünstige Kredite (siehe Kasten auf der nächsten Seite). Und im Unterschied zur Dämmung, die wir erst später in Angriff nehmen werden, stellt die Fenstererneuerung einen Eingriff dar, den man am besten vor dem Einzug hinter sich bringt.

Mit unserem Architekten Armin Junger besprachen wir die gestalterischen Fragen, nachdem die Materialwahl aus emotionalen Gründen zugunsten von Holz entschieden war. Uns schwebte eine großzügige Südverglasung des Wohnzimmers vor. Junger riet uns aber, die Südseite nicht raumhoch zu verglasen, sondern die Brüstungshöhe der alten Fenster aufzunehmen. Das vermittle mehr Geborgenheit, und die Aussicht sei trotzdem spektakulär. Lediglich bei der geplanten Übereck-Öffnung empfahl er, mit der Verglasung bis an den Boden zu gehen. Dieser mit Skizzen belegte Vorschlag leuchtete uns umgehend ein. Und unsere Wohnerfahrung sagt uns, daß diese Entscheidung vollkommen richtig war.

In den beiden Kinderzimmern wollten wir zusätzliche Fenster einbauen lassen. Bei dem innenliegenden Zimmer sollte die bestehende Fensteröffnung verbreitert werden, um dem Zimmer die schlauchartige Wirkung zu nehmen.

Beim äußeren Kinderzimmer schlug Architekt Junger vor, die gemauerte westliche Gaubenseite mit einem Dreiecksfenster zu versehen. Wir überlegten lange, ob wir dies machen sollten oder nicht, da dieses Zimmer bereits mit einem Fenster und einer Balkontür ausgestattet war, und entschieden uns – angesichts geschätzter Mehrkosten von wenigen hundert Euro – schließlich doch dafür.

Bei der Küche überlegten wir lange, ob wir das noch relativ neue Fenster erhalten sollten. Allerdings betrug die Brüstungshöhe nur 77 Zentimeter, und bei einer generellen Arbeitshöhe der Kücheneinrichtung von 91 Zentimetern wäre die Küchenplanung erheblich verkompliziert worden. Also ließen wir die Brüstung aufmauern und ein neues Fenster anfertigen. Erfreulich war, daß das gut erhaltene Fenster später im Zimmer nebenan verwendet werden konnte – dank gleicher Abmessungen.

Auf der Grundlage unserer Besprechungen erstellte Architekt Junger die Ausschreibungsunterlagen und verschickte sie an verschiedene Handwerker. Die Ausbeute war allerdings – wie schon bei den anderen Gewerken – äußerst bescheiden. Nur zwei Angebote kamen zurück, wobei eines mit 11 500 Euro immerhin um 500 Euro günstiger war als das andere. Merkwürdigerweise kam eines der Angebote von einer Glaserei zurück, die gar nicht auf der Liste der angeschriebenen Betriebe aufgeführt war.

Tip: Bei den Ausschreibungen haben Architekten (zu) viele Steuerungsmöglichkeiten. (Möglicherweise bekommt der eine oder andere eine Provision vom Handwerker, wenn es zum Auftrag kommt.) Prüfen Sie stichprobenartig nach, ob tatsächlich alle vom Architekten aufgelisteten oder von Ihnen gewünschten Handwerker die Ausschreibung bekommen und wieder zurückgeschickt haben.

Die Ausführung klappte gut. Wir haben uns für eine Verglasung mit einem soliden Wärmeschutz entschieden.

Lediglich die Übereckverglasung war mit viel zu wuchtigen Holzprofilen nicht so, wie wir uns das vorgestellt hatten. Hier zeigte sich, daß die Absprachen zwischen Architekt, der auf exakte Zeichnungen verzichtete, und Handwerker zu ungenau waren.

Vorher: Die mehrflügeligen Fenster entsprechen nicht mehr dem Stand der Technik, die Fensteröffnungen sollen erheblich erweitert werden.

Während: Die Maurer haben das Mauerwerk an der Gebäudeecke entfernt und dafür drei Stahlstützen eingezogen.

Nachher: Die neuen Fenster und Festglaselemente sind eingezogen. Nun muß der Gipser die Lücken von außen und von innen füllen.

Während sich die Gestaltung der Übereckverglasung relativ leicht korrigieren ließ, bereitet uns eine andere Geschichte immer noch Kummer. Das Dreiecksfenster in der Gaubenseite macht sich zwar von der Aussicht und vom zusätzlichen Licht, das ins Kinderzimmer fällt, recht hübsch. Aber leider war im Vorfeld nicht bedacht worden, daß beim Öffnen der Wand die Gaubenverkleidung beschädigt würde. Bei Regen dringt Feuchtigkeit in die Wand, wobei nicht sicher ist, daß diese durchs Mauerwerk kommt, denn am Fensterflügel bilden sich Tropfen. Die Sache ist noch im Gang. Ein Vorschlag, mittels neuer Gaubenverkleidung Abhilfe zu schaffen, beläuft sich – mit Gerüst – auf für uns allerdings zu kostspielige 750 Euro! Dieser Mehraufwand steht in keinem Verhältnis zu den geschätzten Kosten für dieses Fenster und auch nicht zur optisch-wohnlichen Wirkung. Zudem stellt sich die Frage, ob die Fensterbauer nicht mehr Vorsicht hätten walten lassen müssen.

Es ist eine Ironie, daß das kleinste Fenster den größten Ärger macht. Diese Episode macht auch deutlich, und das ist für uns eine Lehre, daß es bei der Planung kein Zuviel an Umsicht und Sorgfalt geben kann.

Tips zum Geld sparen

Für Modernisierer, die ihre Fenster erneuern wollen, vergibt die Kreditanstalt für Wiederaufbau (KfW) zinsgünstige Kredite aus zwei Programmen:

- **Programm CO_2-Minderung.** Gefördert werden hier Einzelmaßnahmen wie z. B. der Einbau einer Brennwertheizung oder die Erneuerung der Fenster.

Einen Schritt weiter geht das

- **CO_2-Gebäudesanierungsprogramm.** Dieses stellt höhere Anforderungen als das vorher genannte Programm. Dafür gibt es auch einen um ein Prozent günstigeren Zins. Gefördert werden drei Maßnahmenpakete, die genau definiert sind. Das Paket 1 umfaßt z. B. die Erneuerung der Heizung, die Wärmedämmung des Daches und der Außenwände. Nach Vollendung der Baumaßnahmen muß ein Nachweis erbracht werden, daß das Gebäude jährlich 40 Kilogramm CO_2 pro Quadratmeter Wohnfläche weniger freisetzt.

Inforuf: 01801/335577 (Ortstarif)
Internet: www.kfw.de

Die Duschecke entstand durch die Erweiterung des alten Bades. Der spitze Winkel erforderte eine spezielle Lösung. Im kleinen Bild zu sehen die Entstehung des bodengleichen Ablaufs.

Kleines Raumwunder

Neben der Küche zählt das Bad zu den Räumen, in denen man schnell viel Geld ausgeben kann. Die Kunst besteht darin, ein Wohlfühlbad zu schaffen, ohne sich finanziell zu übernehmen ■

Fitness und Wellness, die tollsten Wohlfühlerlebnisse für Leib und Seele: der Wortfluß der Bäder-Werbung sprudelt und schäumt so kräftig wie die Niagara-Fälle und könnte selbst Goethes Zauberlehrling das Fürchten lehren. In diesem Gebrodel droht König Kunde unterzugehen. Behauptet er sich doch an der Oberfläche, dann hat er die Wahl irgendwo zwischen üppig-barocker Ausstattung und reduzierten einfachen Formen, wobei auch diese als „Besinnung auf das Wesentliche" deklarierte Richtung ihre Wirkung merkwürdigerweise erst ab einer Badgröße von, sagen wir, 30 Quadratmetern zu entfalten scheint.

Glaubte man all den manchmal witzigen, manchmal tumben Werbesprüchen, so müßte man mindestens das halbe Le-

Vorher – zwischendurch – nachher: Der Charme der 50er Jahre mußte weichen. Zum neuen Glanz trägt der Design-Heizkörper „Yucca" von Zehnder bei. Dieser bringt nicht nur wohlige Wärme ins Bad, sondern auch …

… Farbe. Zudem ist er mit nützlich-schönen Accessoires wie Haken und Papierrollenhalter versehen.

ben im Bad verbringen. Freilich unbestritten: Auch wer zum Glück noch andere Lebensinhalte kennt, wird sich über ein schönes Bad freuen. Wie auch immer: Jeder Modernisierer sollte sich allein von sachlichen Überlegungen leiten lassen:

- Was brauche ich?
- Was ist funktional?
- Was gefällt mir (wirklich)?
- Was kann ich mir leisten?

Als wir uns mit Hilfe von Architekt und Fachingenieur an die Planung machten, war klar, daß auch in puncto Bad und Sanitär enormer Handlungsbedarf bestand. Sanitärobjekte, Wasserleitungen, Böden und Wände, all das mußte erneuert werden. Darüber hinaus stellte sich die Frage, inwieweit Grundrißänderungen notwendig waren, um unsere Wünsche in die Realität umzusetzen. Dabei waren vor allem die speziellen Anforderungen zu berücksichtigen, die das Wohnen auf drei Ebenen für eine vierköpfige Familie mit sich bringt.

Wie bei unserem gesamten Modernisierungsvorhaben spielte die Ausgabendisziplin auch hier im Bad eine wichtige Rolle: Whirlwanne, Duschtempel & Co. mußten draußen bleiben – übrigens schon aus Platzgründen.

Doch zunächst zur Ausgangslage. Im Untergeschoß gab es ein Uralt-WC und drei Waschbecken in den einzelnen Zimmern. Das mittlere Geschoß war ebenfalls mit einem betagten WC ausgestattet und daneben mit einem Minibad aus Waschbecken und Badewanne. Im Obergeschoß schließlich gab es ein weiteres

Vertrauen ist gut – manchmal!

Bei der Platzierung der Sanitärobjekte waren wir mehr oder weniger auf uns allein gestellt. Von der Besichtigung beim Sanitärgroßhändler hatten wir Schnittmodelle im Maßstab 1:10 mitgebracht. Diese schoben wir auf dem Millimeterpapier hin und her: Waschbecken hier, WC dort, Dusche extra oder in die Badewanne integriert. Irgendwann hatten wir die Eingebung, einmal genau nachzumessen, und siehe da: Die im Grundriß angegebenen Maße stimmten hinten und vorne nicht. Wir konnten also noch einmal von vorne anfangen.

- Tip: Die Pläne vor Ort überprüfen! Lassen Sie es bei der Planung der Badeinrichtung nicht unbedingt auf den Millimeter ankommen! Berücksichtigen Sie genügend Zentimeter für Vorwandinstallationen und Fliesen.

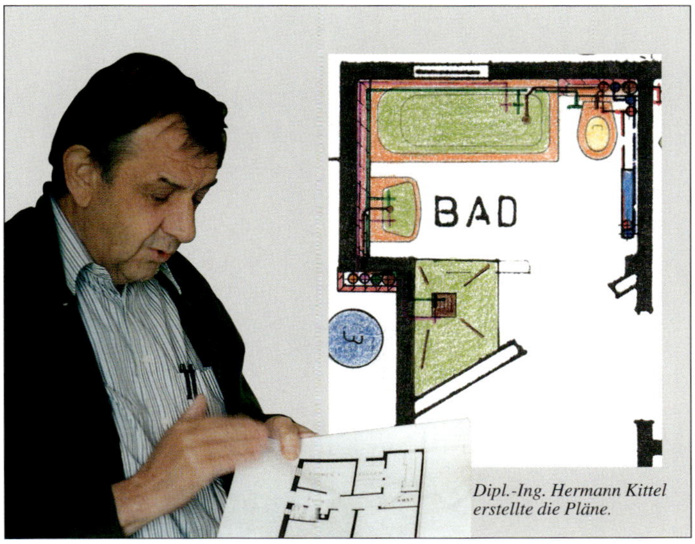

Dipl.-Ing. Hermann Kittel erstellte die Pläne.

Tips: So läßt sich leicht Geld sparen

- Stauraum: Ursprünglich planten wir, unter dem Markenwaschbecken eine Aufbewahrungsbox vom gleichen Hersteller anbringen zu lassen. Nachdem aber die Ausschreibungen Preise von ca. 450 Euro ergaben, verzichteten wir darauf. Statt dessen kauften wir im Möbelhaus ein Stauraumwägelchen mit Rollen für 124,5 Euro. Weitere Vorteile: mehr Stauraum, gleicher RAL-Blauton wie bei Fliesenbordüre und Heizkörper, leichter zu reinigen.

  Generell gilt: Badmöbel aus den zahlreichen Programmen der Sanitär-Hersteller sind unverhältnismäßig teuer; da sind Maßanfertigungen vom Schreiner sogar billiger.

- Fliesen: Wir ließen nur bis zu einer Höhe von 1,40 m hochfliesen, mit Ausnahme der Duschbereiche; dort ist raumhohes Verfliesen ratsam. Manche Modernisierer gehen allerdings noch weiter und fliesen kaum oder gar nicht. Bei den Bodenfliesen griffen wir auf dasselbe Fabrikat zurück wie im übrigen Haus. Das bringt gestalterisch Einheitlichkeit und kommt billiger als zwei verschiedene Bodenfliesen. Als kleinen Luxus leisteten wir uns in allen drei Naßräumen eine Bordüre in blau-weißem Schachbrettmuster (Villeroy & Boch).

- Armaturen und Sanitärkeramik: Markenartikel ja, aber nicht alles, was im Super-Duper-Design daherkommt, ist praktisch. Wir entschieden uns für zweckmäßige, relativ günstige Klassiker.

- Wie in anderen Bereichen erscheinen einzelne Sparposten zunächst nicht erheblich, aber auch hier summieren sich die Einsparungen zu einem erklecklichen Betrag.

Maximale Funktionalität auf minimalem Raum

Aschenputtel läßt grüßen. Ein unansehnliches WC wird um die Abstellkammer erweitert. Zu diesem Zweck wird die Zwischenwand entfernt (mit freundlicher Genehmigung des Statikers!). Eine Türöffnung (rechts) kann zugemauert werden – Platz für Waschbecken und Spiegel.

Bad mit WC, Badewanne und Waschbecken. Die Warmwasserbereitung war dezentral, das heißt, in den beschriebenen Räumen gab es 5- bis 80-Liter-Boiler. Hier stellten wir im Zuge der Heizungsmodernisierung um auf zentrale Wasserbereitung, unterstützt von der Solaranlage.

Da wir unsere Schlafräume im OG einrichten wollten, war klar, daß dort auch das Hauptbad untergebracht sein sollte. Allerdings war das bisherige Bad sehr klein. Zu klein. Unser Architekt Armin Junger schlug vor, diesen Raum zu erweitern und skizzierte eine Variante mit einer schrägen Wand. Daß dadurch der Flur im Obergeschoß kleiner wurde, war für uns leicht zu verschmerzen. Dieser Vorschlag des Architekten gefiel uns sehr gut, so daß wir ihn schließlich auch umsetzten. Das Bad gewann dadurch immerhin ein Drittel mehr an Grundfläche. Zudem wurde der Raumzuschnitt günstiger, der schlauchartige Charakter des alten Bades überwunden.

Allerdings gestaltete sich die Platzierung der einzelnen Funktionen trotzdem als sehr schwierig (siehe auch Kasten „Vertrauen"). Mit Hilfe von ausgeschnittenen Modellen im Maßstab von 1:10 schoben wir Waschbecken und WC auf dem Millimeterpapier umher, überlegten uns Varianten mit (Eck-)Badewanne und integrierter Dusche, wobei es uns auf jeden Fall lieber war, Wanne und Dusche zu trennen.

Ironischerweise endeten unsere Bemühungen damit, daß wir WC, Badewanne und Waschbecken genau so platzierten wie die betagten Vorgänger. Vorteil: Der von uns favorisierte Designheizkörper „Yucca" mit seiner schönen blauen Farbe von der Firma Zehnder konnte auf diese Weise geschickt integriert werden.

Die Dusche sollte in der neu entstandenen Ecke untergebracht werden. Das bedeutete aber, daß wegen des spitzen Winkels keine handelsübliche Duschtasse verwendet werden konnte. Statt dessen legte der Fliesenleger eine Fläche aus

Auch Heizkörper („Universal“ von Zehnder) und Dusche finden hier Platz. Die Duschabtrennung („Tendra“ von Koralle) gefällt durch beidseitig schwenkbare Türen und elegante Griffe.

Auch wenn finanzielle Disziplin bei unserem Modernisierungsvorhaben eine übergeordnete Rolle spielte, wollten wir auf das separate zweite Bad im Untergeschoß nicht verzichten. Wir entschlossen uns, das bisherige WC und die benachbarte Abstellkammer zu einem Raum zusammenzulegen (siehe Fotos links). Zu diesem Zweck mußten die Maurer die Zwischenwand herausbrechen und eine Tür zumauern. Die Installationsebene verlegte Planer Hermann Kittel in das dahinterliegende Gästezimmer, um im Bad Platz zu sparen. Aus der Vorwandwurde so eine Hinterwandinstallation. Alles in allem blieb nach Abschluß der Fliesen-, Gipser- und Malerarbeiten nicht mehr Platz als 1,55 m x 1,15 m. Und doch: Auch auf diesen knapp 1,8 Quadratmetern ließen sich ein WC (Normalgröße), ein Eckwaschbecken (Schenkellänge 50 Zentimeter) und eine Viertelkreis-Dusche (Schenkellänge 80 Zentimeter) unterbringen! Den Badwärmekörper nicht zu vergessen. Hier machte der „Universal“ der Firma Zehnder seinem Namen alle Ehre. Denn der Heizungsplaner konnte aus dieser Serie die exakt passende Größe festlegen. Und mit seiner blauen Farbe – passend zur Schachbrett-Bordüre – macht er dieses Mini-Bad zu einem Schmuckkästchen.

Wichtig bei dermaßen knappem Raum ist eine möglichst transparente Duschabtrennung. Diese Funktion erfüllt die „Tendra“ (in Viertelkreisform) von Koralle geradezu ideal. Die Profile – wir wählten die Farbe Weiß – treten diskret in den Hintergrund. Die mit eleganten Griffen und Doppeldichtung ausgestatteten Türen lassen sich sowohl nach außen als auch nach innen öffnen. Das ist ein großer Vorteil – übrigens auch bei der Reinigung!

Dieses winzige Bad wissen Frühaufsteher, Spätheimkehrer und Gäste gleichermaßen zu schätzen. Außerdem erhöht es die Flexibilität in Sachen Nutzung. Sollten wir später – etwa wenn die Kinder einmal aus dem Hause sind – doch ein oder zwei Zimmer vermieten wollen, so ist ein dazugehörendes Bad sicher sehr nützlich.

Mosaikfliesen, die es ihm ermöglichten, ein ausreichendes Gefälle für den bodengleichen Ablauf herzustellen. Allen Skeptikern sei gleich gesagt, daß der Ablauf tadellos funktioniert.

Als Folge dieser Dusch-Lösung – die Abwasserleitung verläuft mitten durch den Raum – entstand eine Stufe im Badboden. Diese stört aber keineswegs. Im Gegenteil: Sie lockert das Bad optisch auf und erleichtert den Ausstieg aus der Badewanne, was vor allem unsere beiden Kinder zu schätzen wissen. Gestolpert oder gestürzt ist bislang noch niemand.

Im mittleren Geschoß renovierten wir das WC und lösten das Minibad auf. Der Raum eignet sich auf Grund seiner Lage auf der Nordseite und wegen der Nähe zur Küche als Vorratskammer. Was wir im Untergeschoß unternahmen, steht in dem Extra-Kasten oben.

Insgesamt sind wir mit unseren Sanitärlösungen sehr zufrieden. Die Bäder sind leicht zu reinigen, die Einrichtung ist funktional, die Kosten blieben im Rahmen. Über Geschmack läßt sich bekanntlich (nicht) streiten. Manch einem mögen unsere Bäder eher spartanisch vorkommen; für unsere Begriffe sind sie ansprechend und vor allem stimmig. Wir jedenfalls gehen alle gerne in unser Familienbad!

Das haben die Bäder gekostet

Angaben Stand Dez. 2000 (inkl. Montage)	
● Sanitäreinrichtung	3 350,00 €
● Installationswände	1 400,00 €
● Rohrleitungen mit Zubehör	3 225,00 €
● Abwasserleitungen mit Zubehör	3 400,00 €
● Sonstiges	650,00 €
● 2 Designwärmekörper (Fa. Zehnder)	1 100,00 €
● Dazu 4 Doppelhaken, 1 Papierrollenhalter	191,00 €
● 2 Spiegel mit Halogen-Beleuchtung	138,50 €
● Fliesenleger anteilig	ca. 5 000,00 €
● Maurer anteilig	ca. 1 650,00 €
● Maler und Gipser anteilig	ca. 1 500,00 €
● Summe	21 604,50 €
● Mehrwertsteuer	3 456,72 €
● Gesamt	25 061,22 €

Tip: Wie sinnvoll es ist, einen Heizungs- und Sanitärplaner zusätzlich zum Architekten bzw. – je nach Modernisierungsvorhaben – als Alternative zu diesem zu beauftragen, zeigte unser Beitrag auf den Seiten 62 und 63. Dort wurde deutlich, welche enormen Preisunterschiede es bei der Ausschreibung einzelner Gewerke geben kann.

Ein Einfamilienhaus in drei eigenständige Wohnungen mit repräsentativen Freisitzen umzuwandeln und komplett zu modernisieren ist eine knifflige Aufgabe, die viel Erfahrung erfordert. Barbara Döge-Trommer hat sie hier so gut gelöst, daß es uns eine ganze Serie wert ist. Quer durch alle Gewerke gibt die Architektin auf den nächsten Seiten Praxis-Infos, die auch für Ihre Umbaupläne wertvoll sein können. Doch zunächst die Reportage.

Der kleine Sonnenpalast

In der mittleren Wohnung betont durchgängig verlegter Travertinboden den großzügigen Grundriß. Die Glasflächen bieten Breitwandblick auf den Garten (zum Vergleich: Aufnahme 1, entstanden während des Umbaus). Schönes Detail: die dreiflügelige Tür zwischen Wohn- und Eßzimmer.

Zuerst war an eine etwas weniger umfangreiche Maßnahme gedacht: nach Besitzerwechsel und Auslaufen der Mietverträge schien der Zeitpunkt günstig, die gesamte Technik zu erneuern; außerdem sollte ein in Hausbreite vorgesetzter Anbau mehr Platz für die Einliegerwohnung und zusätzlich einen Balkon für das Geschoß darüber ermöglichen.

Nach Analyse von Bebauungsplan, Gebäudesubstanz und Grundrissen befand Architektin Barbara Döge-Trommer, daß da noch mehr drin sein müßte. Sie machte den auch renditemäßig gesehen interessanten Vorschlag, *drei* Wohnungen zu schaffen.

Verschiedene Skizzen und kleine Modelle führten zur heutigen Form, die den Komfort auf allen Geschossen heutigen Maßstäben anpaßte – ganz abgesehen davon, daß eine ungewöhnliche Giebelansicht entstand. Sie zeigt Alt und Neu in optisch spannungsreichem Miteinander. Der Landhauscharakter des Bestands blieb erhalten. Und dokumentiert eine auch in anderen Bereichen umgesetzte Philosophie: Warum Intaktes (hier die Holzverschalung) verändern oder gar ganz entfernen, wenn nicht zwingende Gründe dafür sprechen? Konsequent weitergedacht, ist man da schnell beim Thema Recycling, das ebenfalls eine große Rolle spielte. Gerne schildert die Architektin etwa die wenig erfreute Reaktion der Handwerker, als sie darauf bestand, alte Ziegelsteine wiederzuverwenden. Klar: Porenbeton mauern ist dagegen ein Kinderspiel. Andererseits sind die Tonziegel fürs Wegwerfen zu schade.

Recycelt wurde aber auch aus externen Quellen: die dreiflügelige Tür zwischen Wohn- und Eßzimmer stammt vom Antiquitätenhändler.

Auch im Obergeschoß entstand ein vorgelagerter Balkon. Für viel Licht erhielt die Giebelfassade eine entsprechende Öffnung (Foto 2). Die mittlere Wohnung wird durch den längs des Gebäudes angeordneten, neuen Eingangsbereich erschlossen. Fürs Abmauern der Küche ließ die Architektin an anderer Stelle abgebrochene Ziegelsteine wiederverwenden (Fotos 3 und 4).

Die Anforderungen an Wohngebäude haben sich grundlegend gewandelt. Zwei Beispiele: Waren repräsentative Zimmer früher grundsätzlich zur Straße hin ausgerichtet, verlangt der zunehmende Verkehr heute das Gegenteil. Und verfügten Wohnungen einst über große Dielen, Vorplätze und Küchen, sind solche Flächen jetzt aufgrund hoher Quadratmeter-Mietpreise und gestiegenen Rentabilitätsanspruchs möglichst kompakt zu halten – oder alternativ zu nutzen, etwa als Eßdiele oder Kinderspielzone. Daher wünschen Hausbesitzer neben Sanierungsarbeiten oft ein Ändern des Grundrisses – was bisweilen aus einem Einfamilien- ein Mehrfamilienhaus machen kann...

Ohne Planung geht gar nichts

Gute Architekten wünschen sich möglichst umfassend informierte Bauherrren. Denn gute Architekten möchten sich nicht in erster Linie ein Denkmal setzen, sie verstehen sich vielmehr als Dienstleister, die im dialektischen Planungsprozeß Projekte schaffen. Wenn dabei bemerkenswerte Architektur entsteht: um so besser!

Eine solch komplexe Maßnahme wirft allerdings einen ganzen Fragenkatalog auf:

❑ Zuvorderst: Wie sind die einzelnen Wohnungen zu trennen beziehungsweise zu erschließen?

❑ Wo können die zusätzlich notwendigen Bäder, Duschen, WCs beziehungsweise Küchen untergebracht werden (und zwar ohne aufwendige Neuinstallation im Entwässerungssystem?)

❑ Wo können Abstellräume, Kellerräume und die Waschküche geplant werden?

❑ Wie werden die einzelnen Wohnungen beheizt? (Mit zunehmenden Energiekosten und immer deutlicher werdendem Verbraucherbewußtsein sollte jede Wohnpartei unbedingt separat ihr Heizsystem steuern und ihren Verbrauch entsprechend kontrollieren und ablesen können; das gleiche gilt für den Wasserverbrauch.)

❑ Wo können den einzelnen Wohnungen Freiräume (evtl. Balkone), Autoabstellplatz, Tiefkellerraum sowie Plätze für die Mülltonnen zugeordnet werden?

An den Grundrissen rechts läßt sich ablesen, wie ein Großteil dieser Probleme bei unserem Reportageobjekt gelöst wurde. Die unterlegten Flächen markieren die jeweiligen Wohnungen. Gedanklich zu ergänzen ist die von allen Parteien nutzbare Vollunterkellerung des Anbaus und der zum Obergeschoß gehörende Spitzboden. Die Wohnungen 1 und 2 werden über seitlich des Gebäudes befindliche Eingänge erschlossen, in Wohnung 3 gelangt man über den alten Hauseingang und die vorhandene Innentreppe, der ehemalige Dielenvorraum wird als Ankleide genutzt.

Bei Anbauten ist der Weg zum Baurechtsamt unvermeidlich. Von einem „harten Kampf" spricht Barbara Döge-Trommer rückblickend. Es gab keinen gültigen Flächennutzungsplan, maßgebend war die umliegende Bebauung. „Das ist immer eine wachsweiche Geschichte", so die Architektin. Die Behörde erteile nur sehr zögerlich Ausnahmegenehmigungen, da sie den Schneeballeffekt fürchte – „sie meinen, die Nachbarn könnten dann kommen und sagen: wenn Sie dem drei Meter genehmigen, müssen Sie das bei mir auch tun".

Ihren Entwurf mußte sie „an allen Seiten um ungefähr 30 Zentimeter kürzen"; der Behörde war er zu groß erschienen. Ein Mini-Modell veranschaulichte dreidimensional, wie weit man zu diesem Zeitpunkt gekommen war. Es zeigte, daß die gestalterischen Hürden genommen waren. „Das Haus ist ja auf eine gewisse Weise symmetrisch, ich achtete also darauf, daß es durch den Anbau nicht nach einer Seite hin optisch ein Übergewicht erhielt."

Jede Etage hat ihren Freiraum und profitiert direkt oder indirekt vom 800 Quadratmeter großen Garten. Besonders freut sich die Architektin über die mittlere Wohnung „mit dem wunderschönen Umgang, dem Wintergarten und davorliegendem Balkon, der sowohl sonnige als auch schattige Plätze nachweist". Auch mit der Lösung der „eigentlich schwierigsten Frage" ist sie sehr zufrieden: wie der Balkon der obersten Wohnung zu gestalten sei.

Bei der Planung hatte Barbara Döge-Trommer relativ große Freiheiten – und Bauherren, die das Projekt in einem konstruktiven Dialog mit entwickelten. Schon beim ersten Kontakt hatte man eine gleiche Wellenlänge gefunden; die Architektin findet es enorm wichtig, daß diese „Ehe

Als Einfamilienhaus konzipiert, wurde das Gebäude bis Ende der 80er Jahre mehrmals umgebaut. So wurde zum Beispiel eine offene Veranda im mittleren Geschoß geschlossen. Geschickte Koordination der Handwerker war für den Anbau nötig, um termingerecht arbeiten zu können: auf dem mittleren Foto sind die Absprieß-Maßnahmen zu sehen, darunter die Situation zirka sechs Wochen später.

auf Zeit“ harmonisch verläuft; nur so könne ein gutes Ergebnis erzielt werden. Deshalb sucht sie sich ihre Bauherren durchaus auch aus und macht, „wenn jemand an mich herantritt, das erste Gespräch in der Regel kostenlos“. Danach richtet es sich, ob ein Vertrag zustande kommt. Übrigens: Viele Architekten nehmen in diesem Stadium – und später – auch Stundenhonorare.

Den Vertrag, in dem auch Sondervereinbarungen schriftlich festgehalten werden sollten, erarbeiten Architekten anhand der HOAI (Honorarordnung für Architekten und Ingenieure). Diese sieht eine Abrechnung nach neun Leistungsphasen vor, die wiederum verschiedene Prozentsätze des Architekten-Gesamthonorars beinhalten. Phase 1 sind beispielsweise die Voruntersuchungen: der Architekt sammelt alle verfügbaren Informationen, sichtet vorhandene Pläne, geht aufs Baurechtsamt, klärt die Eigentumsverhältnisse etc.

Wichtig in diesem Zusammenhang: Mit dem Architekten können Erfolgsprämien für ökonomisches Bauen vereinbart werden. Die HOAI sieht hierfür bis zu 20 Prozent der eingesparten Kosten vor.

Über die Abbruch- und Rohbauarbeiten berichten wir im Praxisteil, auf den Seiten 86 und 87.

Daten+Fakten
Baujahr: 1910
Architektin: Dipl.-Ing. Barbara Döge-Trommer, Büro für Altbausanierung, 70197 Stuttgart
Möblierung: Ursula Maier, 71706 Markgröningen

B. Döge-Trommer, Freie Architektin

„Der Entwurf eines anderen Planers sah einen schuhkartonförmigen, eingeschossigen Anbau in Breite des Hauses vor. Auch ich versuchte zunächst, mich auf diese Maße zu beschränken, merkte aber schnell, daß vernünftig dimensionierte Räume so nicht machbar sind. Ich wollte keine Architektur, die sich zufällig ergibt. Die zwei Skizzen von damals zeigen Entwicklungsstufen hin zur heutigen Form.“

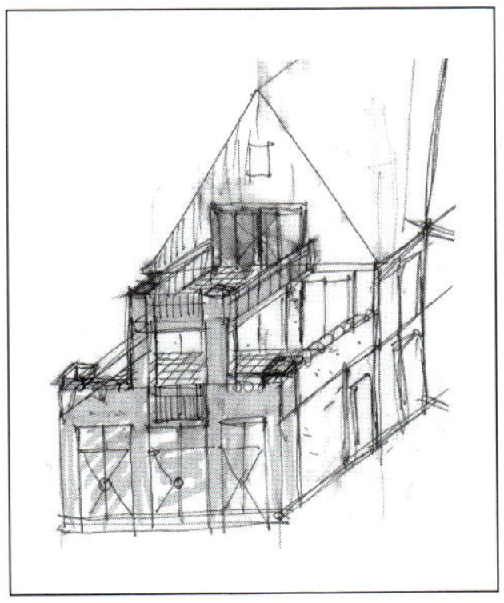

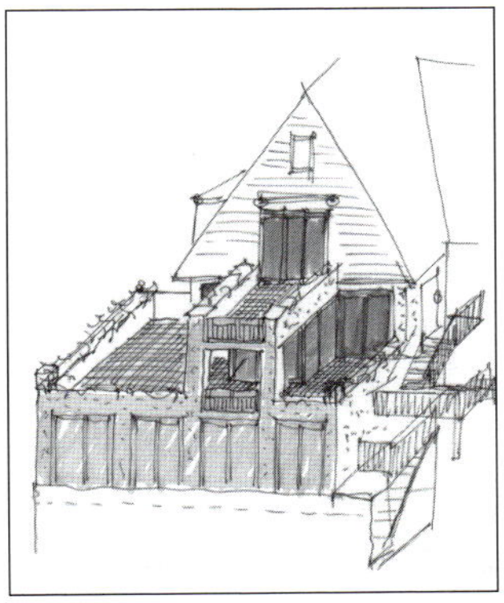

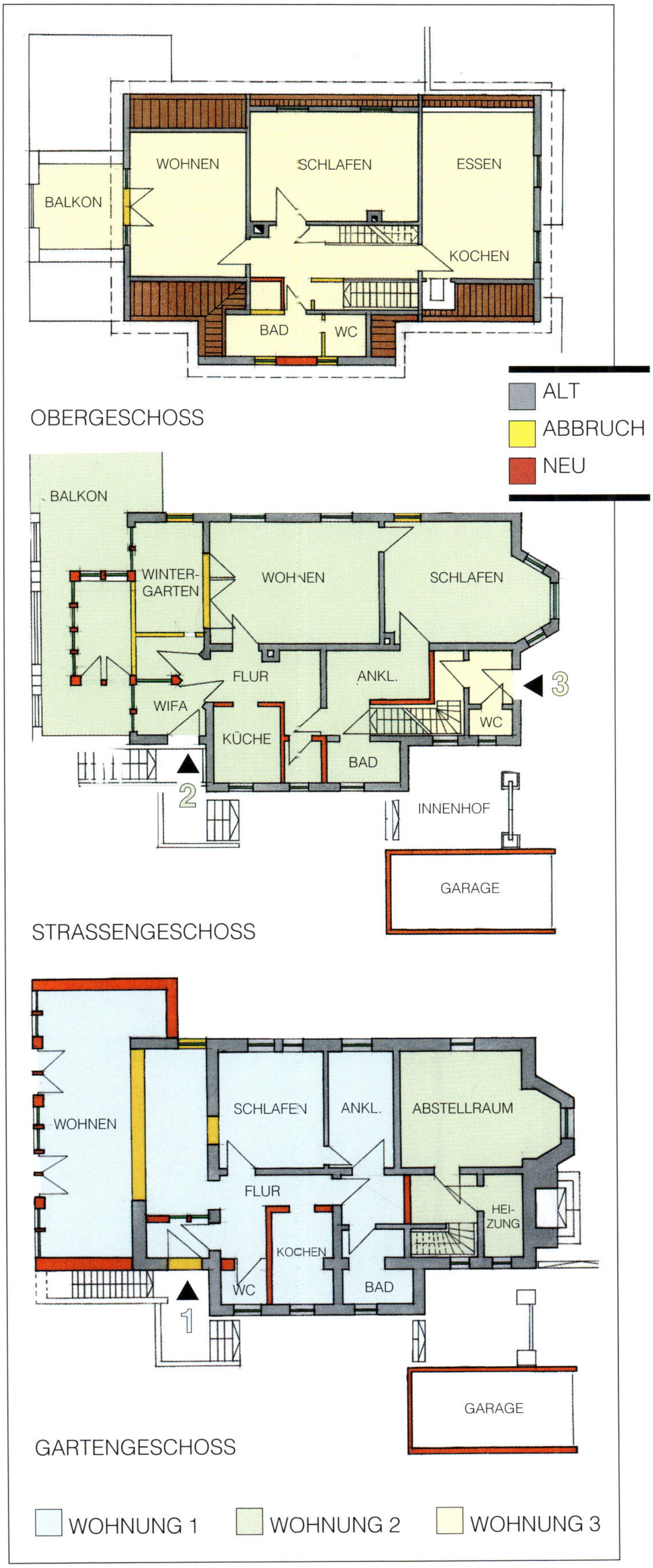

Auf den Seiten 80–85 haben Sie den „kleinen Sonnenpalast" kennengelernt, die Praxisserie schaut jetzt hinter die Kulissen. Erster Part: die Themen Abbruch und Rohbau – zwei entscheidende Stationen jeder Umbaumaßnahme. Barbara Döge-Trommer schildert die Arbeiten und gibt Tips zur Kostensenkung ■

Beim Abbruch Kosten sparen

Ich ermuntere meine Auftraggeber ausdrücklich dazu, beim Abbruch selber Hand anzulegen", sagt die Architektin Barbara Döge-Trommer. Schließlich lassen sich so Kosten sparen, und – nicht zu unterschätzen – die Identifikation mit dem Projekt wächst, „es entsteht das echte Bauherren-Gefühl". Allerdings ist auch ein vermehrtes Engagement des Planers gefordert: „Man muß auf die Schwierigkeiten hinweisen und den Aspekt Statik beachten."

Im Frühjahr begannen die Arbeiten rund ums Haus. Auf der Straßenseite wurde zugunsten von Stellplätzen ein alter Laden abgerissen (linkes Foto). Wegen des lehmigen Bodens, auf dem sich Regenwasser schnell staut, wurde eine Folie installiert, die die Baugrube bedecken konnte.

Das Gros der Abbrucharbeiten oblag dennoch den Profis vom Bau. Seit mehreren Jahren kooperiert Frau Döge-Trommer mit der Stuttgarter Firma Meschenmoser, die sie scherzhaft ihre „Mädchen für alles" nennt. Meschenmoser bietet Aushub und Rohbau aus einer Hand, inklusive Schuttentsorgung, bei der in der Regel einiges anfällt. „Man unterschätzt die Menge des Abbruchmaterials immer", sagt die Architektin, die mit ihrem Stuttgarter Büro für Altbausanierung auf stattliche 20 Jahre Praxis zurückblickt.

Bauherren können Geld sparen, indem sie beispielsweise eine konsequente Werkstofftrennung vornehmen, die sie sonst teuer bezahlen müßten. Da dürfen sich dann – falls genügend Platz vorhanden – ruhig mal über längere Zeit Berge verschiedenen Materials ansammeln. Der Abtransport erfolgt dann nach Materialien getrennt, und das ist preiswerter als ein kleckerlesweises Vorgehen. Mineralischer Baustoff, Metall, Kunststoff und Holz werden auf diese Weise der Wiederverwertung zugeführt. Aushub ist sowieso kein Problem, denn Erde läßt sich zum Verfüllen wiederverwenden. Eine sinnvolle Möglichkeit, Holz zu entsorgen, stellen übrigens Müllverbrennungsanlagen oder die in Privathaushalten inzwischen weit verbreiteten Kaminöfen dar. Anhängerweise transportierte der Hausbesitzer Holz ab, um seinen eigenen Ofen damit zu befeuern. Dabei ist streng darauf zu achten, daß das Holz nicht schadstoffbelastet ist.

Der Architekt sollte ständig präsent sein

Von Beginn der Abbruchmaßnahme an war die Architektin mindestens einmal am Tag vor Ort. „Ich kann ja teilweise nicht wissen, was da für Materialien zum Vorschein kommen." Sie spricht in diesem Zusammenhang von einer grenzenlosen Verantwortung des Bauleiters. „Wenn da eine Wand kracht, ist das meine

Um ein Absacken des Gebäudes zu verhindern, wurde die Wand des Anbau-Kellers nicht am Stück, sondern segmentweise betoniert. Erde raus, Beton rein: sukzessive entstand eine statisch solide Konstruktion.

Schuld." Soll etwa ein Loch in die Fassade gebrochen werden, klärt sie deshalb die erforderlichen Maße genauestens auf der Baustelle ab. Für eventuelle Fragen der Handwerker gilt: „Nicht selber entscheiden, sondern mich anrufen." Man kann zu Handys stehen, wie man will – hier sind sie äußerst sinnvoll und kostensenkend eingesetzt. Denn: „Wenn irgendetwas verkehrt läuft, fallen die Kosten unter Umständen dreifach an: einmal fürs falsche Bauen, dann für den Abbruch, und schließlich für die richtige Ausführung."

Gerne sieht sie es, wenn sie bei der Bauleitung unterstützt wird, wie hier geschehen. Sie lobt ihre Auftraggeber: diese haben selber organisiert, haben Firmen angerufen und Termine koordiniert. „Ich kann ja die Bauherren anweisen, worauf zu achten ist: auf Abbruchsgrenzen, auf gerade Linien beim Fliesen, und so weiter." Oft wird dadurch großes Interesse am Thema geweckt, oder es kommt gar zur Entfaltung verborgener Fähigkeiten.

Dem Abbruch eines kleinen, zur Straße hin gelegenen Ladens folgte das Abreißen verschiedener anderer Bauteile, unter anderem einer Garage. Parallel ging's innen kräftig zur Sache, zunächst mit den statisch belanglosen Arbeiten. Die alten Öltanks wurden entleert, zerlegt und fachgerecht entsorgt, im Keller wurde die Waschküche abgebrochen. Man entfernte die Verandafüllungen im ersten Geschoß, und behob eine beträchtliche Gefahrenquelle: ein kräftiger Holz-Deckenbalken hatte sich gesenkt, ein über sechs Meter langer Stahlträger mußte als Unterzug eingebracht werden, was sich doch ziemlich kompliziert gestaltete.

Wasserundurchlässiger Beton (sogenannter WU-Beton) bildet die Bodenplatte des Kellers.

Wenn's auf der Baustelle so richtig rappelt

Zügig ging das Erstellen des Rohbaus. Zeit ist Geld, lautet die Devise – umständliches, nicht zielgerichtetes Handeln bedeutet Verlust an Mieteinnahmen. Hierbei war es natürlich von Vorteil, daß die Architektin über einen bestens eingespielten Stamm an Bauhandwerkern verfügt.

Im April kam die Genehmigung, während des Sommers konnte gearbeitet werden. „Ich war immer auf einen nahtlosen Übergang von einem Gewerk zum anderen bedacht." Das klappte so gut, daß der Idealzustand eintrat: „Es gibt nichts schöneres, wie wenn auf der Baustelle geschafft wird, daß es nur so rappelt!"

Dies ist ein Paradebeispiel dafür, wie wichtig eine perfekte Kommunikation und damit Organisation für den möglichst reibungslosen Ablauf einer Umbaumaßnahme ist.

Oben: Die Deckenschalung ist erstellt. Später wird mit 36,5er Hochlochziegeln aufgemauert.

Baukosten

Gesamte Nettobaukosten inklusive Außenanlagen
(ohne Baunebenkosten wie zum Beispiel Genehmigungsgebühren, Architektenhonorar, Statiker, Fachingenieur, Gartenarchitekt): **600 000 Euro**

Davon Kosten für Abbruch + Rohbau: 215 000 Euro

Hierin enthalten sind unter anderem die Kosten für:

- Abbruch Garage und Ladenschuppen
- Abbrucharbeiten innerhalb des Gebäudes
- die gesamte Baumüllentsorgung
- Rohbau im alten Gebäude
- Erdarbeiten Anbau
- Baustellenabsicherung
- Gründungsarbeiten Anbau
- Unterfangungsarbeiten
- Stahlbau, Stahlbetonbau
- Maurerarbeiten in Neubau und Altbau
- Trockenlegung aller Kellerinnen- und Außenwände
- äußere Ringdrainage und Abdichtung der Außenwände
- Zimmermannsarbeiten
- Lichtschächte, Abdeckroste und Fenster im Keller
- äußere Kellertreppe
- Balkonabdichtungen
- Aufräumarbeiten und Müllentsorgung Garten
- Anheben der sich durchbiegenden Geschoßdecke und des darüberliegenden Dachstuhls
- Einziehen eines Stahlträgers
- Boden Tiefkeller
- neuer Lichtschacht Tiefkeller
- Außenwanddurchbrüche
- Neuanschluß der Hausentwässerung mit Schacht für Rückstauverschluß an Straßenkanal

Auf den letzten Seiten stellten wir den „kleinen Sonnenpalast" vor, ein von der Stuttgarter Architektin Barbara Döge-Trommer phantasievoll umgebautes und komplett renoviertes Haus. Der Reportage und dem ersten Fachartikel (Thema: „Beim Abbruch Kosten sparen") zum Einstieg folgt nun der nächste informative Teil der Praxisserie ■

Feuchte Mauern fachgerecht sanieren

Feuchtes Mauerwerk ist ein Bauschaden, der aus mehreren Gründen nachhaltig beseitigt werden muß: solche Mauern können auf Dauer ihre Tragfähigkeit verlieren; feuchtes Raumklima ist nicht nur ungesund, sondern führt auch zu Energieverlusten; Schimmelpilze finden bei diesen Bedingungen einen idealen Nährboden. Um hier fachgerecht Abhilfe zu schaffen, bietet die Industrie eine ganze Palette an Möglichkeiten (siehe Kasten). Bei unserem Reportageobjekt handelte es sich allerdings um einen Fall, der ein etwas modifiziertes Vorgehen erforderte. Schon zu Beginn der Bauarbeiten merkte Architektin Barbara Döge-Trommer, daß das Mauerwerk der Innen- und

Alle Wände wurden bis unters Fundament freigelegt und mit Kies, einer horizontal eingebrachten Folie und Beton unterfangen. Außen sorgen spezielle Hartschaumplatten auf Sperrputz für zusätzlichen Feuchteschutz.

Verfahren der Mauerwerksanierung

Mauersägeverfahren: Das Mauerwerk wird abschnittsweise horizontal mit einer Mauersäge durchtrennt, bevorzugt in den Lagerfugen. Alternativ können auch die Steine des Mauerwerks selbst durchgesägt werden. Die Schnittbreite beträgt in der Regel 5–10 Millimeter. Die Schnittiefe, die bei einseitigem Sägen erreicht werden kann, liegt zwischen 70 und 90 Zentimetern. Neuerdings sollen jedoch auch einseitige Schnittiefen bis zu 1,50 Meter auszuführen sein (wobei bei durchschnittlichen Wohn- und Verwaltungsgebäuden nur zirka 30 bis 40 Zentimeter nötig sind). In die entstandene Fuge kann eine Abdichtungsfolie aus PVC, eine bitumenkaschierte Aluminium- oder Bleifolie oder korrosionsbeständiger Edelstahl eingebracht werden. Die Abdichtung muß im Stoßbereich überlappen. In den Sägeschnitt werden Kunststoffkeile eingepreßt, um die auftretenden Vertikalkräfte zu übertragen. Der jetzt noch vorhandene Hohlraum wird anschließend mit einem geeigneten Füllmörtel (Zementsuspension mit Quellmittelzugabe oder Kunstharzmörtel) verfüllt. Damit aber die Standsicherheit des Gebäudes nicht gefährdet wird, darf das Aufsägen und Abdichten des Mauerwerks nur in kurzen Abschnitten erfolgen.

Maueraustauschverfahren: Zuerst erfolgt das abschnittsweise Entfernen des Mauerwerkes im geschädigten Bereich. Danach wird eine Dichtungsfolie auf das Mauerwerk im Bereich der entfernten Mauersteine eingelegt und anschließend wieder mit Steinen ausgemauert. Vorteil dieses Verfahrens: durch Entnahme des Mauerwerkes werden gleichzeitig auch Bereiche mit hohen Salzbelastungen entfernt. Zu beachten ist hierbei, daß die Standsicherheit des Gebäudes nicht in Mitleidenschaft gezogen werden darf. Dafür sorgt ein Statiker.

Ein Pressluftgerät kann Bleche in Mauerwerksfugen einschlagen.

Chromstahlblechverfahren: Mit einem Preßluftgerät werden Edelstahlbleche in eine durchgehende Lagerfuge des Mauerwerkes eingeschlagen. Die letzten zwei Wellen dieser Bleche müssen sich überlappen. Bei einer ganz neuen Methode sind die Wellbleche an einer Seite angeschrägt. Das reduziert die Erschütterungen beim Einschlagen.

Chemische Verfahren: Darunter sind in der Regel Bohrlochinjektagen zu verstehen. Hierbei werden Chemikalien durch Bohrlöcher in die Wand eingebracht. Diese Chemikalien sollen eine horizontale Feuchtigkeitssperre im Mauerwerk aufbauen. Voraussetzung ist eine ausreichende Saugfähigkeit des Mauerwerkes, damit sich das Injektagemittel verteilen kann. Man unterscheidet drucklose Injektagen und Druckinjektagen. Bei drucklosen Injektagen verteilt sich das Injektagemittel aufgrund der Schwerkraft und der Saugfähigkeit der Steine im Porengefüge des Mauerwerkes. Bei der Druckinjektage hingegen wird das Injektagemittel unter Druck eingebracht. Die Chemikalien sind zumeist Kombinationssysteme. Sie wirken durch Abscheidung von Kieselgel kapillarverdichtend und heben durch die Bildung von Polymethylkieselsäure die kapillare Saugfähigkeit für Wasser auf. Die Wirksamkeit der Werkstoffe muß vom Hersteller nachgewiesen werden.

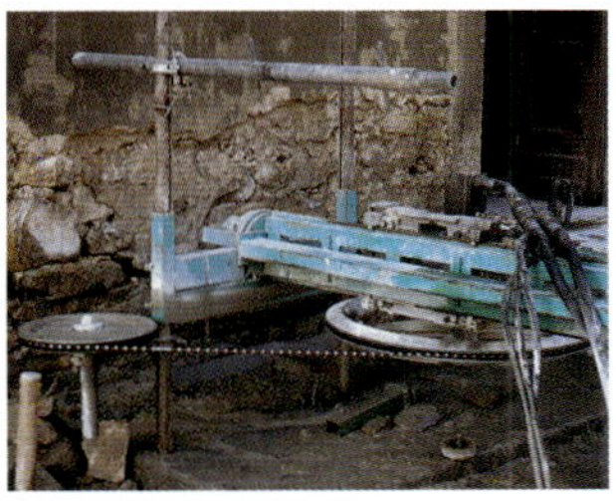

Spezielle Sägen ermöglichen bis zu 1,50 Meter Schnittiefe.

Saugfähige Mauern sind Voraussetzung für chemische Injektage.

Physikalische Verfahren: Ein häufig angewandtes Verfahren ist die Elektro-Osmose. Hierbei wird bei der Mauerwerkstrockenlegung ein alt bekanntes Naturgesetz ausgenutzt. Durch ein künstlich erzeugtes Feld im Mauerwerk wird eine Horizontal- und gleichzeitig Vertikal-Sperre aufgebaut, die ein Aufsteigen der Feuchtigkeit verhindert.

Außenwände stark durchfeuchtet war. Ein Geologe bestätigte ihre Vermutung: der extrem lehmhaltige, dichte und nahezu wasserundurchlässige Boden bewirkte seitlich und vom Hang her drückendes Wasser in den Außenwänden.

Dazu kam die aufsteigende Feuchtigkeit; Ursache: wasserführende Gesteinsschichten. Ohne Beton ein Schwimmbad zu bauen – was hier ohne weiteres möglich gewesen wäre – war leider nicht das Ziel, vielmehr galt es, das nicht optimal abfließende und sich stauende Regenwasser abzuleiten und das Mauerwerk entsprechend abzudichten.

Das ganze Haus mußte unterfangen werden

Zum Glück hatte das Haus keine sonderlich tiefliegenden Fundamente. So konnten die unteren Wandanschlüsse problemlos freigelegt und der gesamte Boden 40 Zentimeter abgegraben werden. Stück für Stück, um die Statik nicht zu gefährden, wurden Innen- und Außenwände mit Beton oder Ziegeln unterfangen.

Ganz unten wurde zunächst eine dicke Lage Kies eingebracht, darüber folgte – unter den Wänden durchgezogen und als eigentliche horizontale Feuchtigkeitssperre – eine Kunststoff-Folie.

Positiver Nebeneffekt des Abgrabens: Im gesamten Bodenbereich ließ sich auf der Folie eine zwölf Zentimeter starke Wärmedämmung (gegen Fußkälte) einbringen – ohne daß die Räume dadurch an Höhe verloren. Um das Haus herum wurde zusätzlich eine in Kies gebettete Ringdrainage mit vier Spülöffnungen und Anschluß an einen Regenwasser-Sammelschacht verlegt.

Im dritten Teil unserer Praxis-Serie geht es ums Thema Heizung. Die alte, längst nicht mehr den modernen Ansprüchen genügende Ölheizung hatte mit den nötigen Tanks eine Menge Platz beansprucht, den man jetzt für Wohnzwecke nutzen kann. Der Umstieg auf Gas war einfach, da eine stillgelegte Leitung vorhanden war ■

Neue Heizung auf kleinstem Raum

Links: Der moderne Gaskessel Atola von Viessmann in Niedertemperaturausführung versorgt mit seinen 40 kW Leistung eine Gesamtwohnfläche von rund 350 m² mit Wärme. Rechts: In dem kleinen Raum hat auch noch der Standspeicher Verticell (Inhalt: 350 Liter) Platz, der die zentrale Warmwasserversorgung im Haus übernimmt.

Vor dem Umbau war in diesem Haus eine zirka 30–40 Jahre alte Öl-Zentralheizungsanlage installiert, die heutigen Anforderungen längst nicht mehr entsprach. Kessel und Brenner standen in der Waschküche. Der riesige Tankraum mit drei kellergeschweißten Stahltanks hatte im Altbaubestand des jetzigen Wohnzimmers/Windfangs der neuen Gartenwohnung seinen Platz.

Die alte Heizanlage verfügte teilweise über von den Mietern neu eingebaute Heizkörper, die überwiegend in der neuen Heizanlage an anderer Stelle wieder verwendet wurden. So zum Beispiel in dem früher nicht beheizbaren Bühnenraum. Ganz andere Probleme bereitete der Rest der Anlage: Hier kostete das Beseitigen der unbrauchbaren Teile richtig Geld. So war für die Demontage der alten Anlage, das Zerlegen der Stahltanks sowie die Entsorgung der Materialien durch eine Fachfirma zirka 2000 Euro zu bezahlen.

Trotz Austausch des Fußbodens war nach anderthalbjähriger Bauzeit immer noch ein penetranter Ölgeruch im ehemaligen Tankraum vorhanden. Nach intensiver Beratung mit der Architektin entschieden

Heizrohre sinnvoll im Mörtel eingebettet

Die meisten Heizrohre konnten unter Putz verlegt werden. Im Wintergarten des Straßengeschosses laufen die Rohre zum Beispiel im Mörtelbett unterhalb des Stufenbelags zu den Radiavektoren. So werden die warmen Stufen im Winter vielleicht sogar zum Sitzen einladen. Eine solche Maßnahme erfordert aber größte Sorgfalt, weil Mörtel und Belag auf die möglichen hohen Temperaturen abgestimmt sein müssen. Ansonsten kann es schnell zu Rissen in den Fliesen oder Natursteinen kommen. Die Bilder verdeutlichen nochmals die angesprochenen Lösungen.

Blick in den Tiefkeller: Man sieht einen großen Teil der Verbindung des Kessels, der nebenan im Heizungskeller steht, mit dem Schornstein. Das zusätzliche Abgasrohr aus Edelstahl muß ungefähr eine Strecke von 3,50 Meter überbrücken. Aus demselben Material besteht das neu in den vorhandenen Schornstein eingezogene Abgasrohr, das eine Schornsteindurchfeuchtung verhindert.

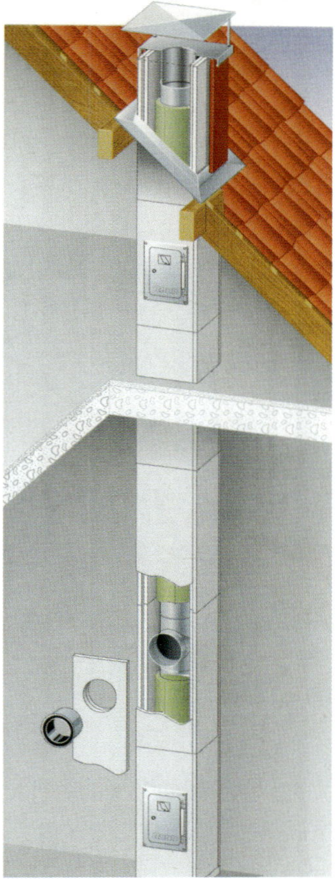

Bei einer Heizungsmodernisierung ist oft eine Schornsteinsanierung fällig. Generell ergeben sich bei Niedertemperatur-Heizkesseln niedrigere Abgastemperaturen. Kühlen die Abgase aber zu stark ab, fällt Feuchtigkeit aus. Dies kann zu Schäden führen. Deshalb wird der Schornstein durch das Einziehen eines feuchteresistenten Rohres saniert.

sich die Bauherren gegen Ende des Umbaus für die Radikallösung: Die 40 Zentimeter starke Wand (ehemals neben den Öltanks gelegen) wurde komplett abgebrochen und neu errichtet. Alle Versuche, die ölverseuchte Wand mit chemischen Verfahren oder mit Putz und Anstrich zu sanieren, mißlangen.

Richtige Standortwahl der Heizung spart Geld

Da der Standort der alten Heizanlage für die neue Gartenwohnung benötigt wurde, mußte ein neuer Platz für Heizkessel, Verteilung und Warmwasserspeicher gefunden werden. Zunächst war an den Keller des Anbaus (kein Schornstein vorhanden!) gedacht. Komplizierte, sehr lange Installationswege (Folge: hohe Kosten) ließen diesen Gedanken wieder sterben; geplant und installiert wurde schließlich das neue „Kesselhaus“ im alten Kellergeschoß in einem zur Straße hin gelegenen ehemaligen kleinen Vorratskeller.

Als Brennstoff dient Erdgas. Der seit langem stillgelegte Gasanschluß wurde hierfür wieder aktiviert. Nach der entsprechenden Ausschreibung entschied man sich für den Guß-Heizkessel Atola-RN von Viessmann, ausgelegt als Niedertemperatur-Heizkessel mit 40 kW Wärmeleistung und ausgestattet mit der elektronischen Regelung Trimatik.

Jede der drei Wohnungen hat ihren eigenen Heizkreis, der innerhalb der Wohnungen separat steuerbar ist. Der Wärmeverbrauch kann kontrolliert und in jeder Wohnung exakt abgelesen werden (mit zunehmendem Energiebewußtsein inzwischen auch für Mieter sehr wichtig).

Zur Warmwasserbereitung dient ein zentraler Speicher aus Edelstahl mit 350 Litern Inhalt. Sowohl der Kalt- als auch Warmwasserverbrauch wird für die einzelnen Wohnungen gezählt und extra abgerechnet.

Das gesamte Rohrnetz wurde für die Heizung neu in Kupferrohren verlegt, die Art der jeweils verwendeten Heizkörper richtete sich nach der Nutzung der Räume beziehungsweise nach der Lage der Heizkörper. Wie erwähnt, wurden, soweit möglich, die vorhandenen Platten-Fertigheizkörper im Ober- und Dachgeschoß wiederverwendet, die Zimmer erhielten Röhrenradiatoren in diversen Formaten. Vor bis zum Boden reichenden Fensterfronten kamen Radiavektoren zur Ausführung, die Naßzellen erhielten formschöne Handtuch-Wärmekörper.

Zur Vorbeugung gegen Fußkälte wurden in den Bädern und in der Küche des Gartengeschosses elektrische Heizmatten in den Fliesenkleber eingelegt, über Thermostate ist so für wohlige Fußwärme am Morgen gesorgt.

Schornsteinsanierung meist fällig

Der vorhandene Schornstein war mit einer einfachen Anschluß-Maßnahme vom Standort der neuen Anlage aus erreichbar. Um jegliches Versottungsrisiko und damit verbundene Folgekosten für Gipser- und Malerarbeiten zu vermeiden, ließ man durch eine Spezialfirma in den Schornstein ein Edelstahlrohr einziehen.

Die Montage vom Schornsteinkopf aus war problemlos, da zum Beispiel keine zusätzlichen Öffnungen in den Obergeschossen notwendig waren.

Meist lohnt es sich, einen Fachingenieur die Heizanlage planen zu lassen, hier übernahmen dies die althauserfahrene Architektin Döge-Trommer, Stuttgart, und die Firma.

Kostenbeispiele zur Heizungsmodernisierung

Preise für einzelne Leistungen (in Euro)

Demontage der alten Anlage Zerlegen der Stahltanks sowie Entsorgung	**2000,–**
Schornsteineinsatzrohre aus Edelstahl für Querschnittsverminderung am Hausschornstein, dazu 3,5 m langes Verbindungsrohr vom Heizkessel zum Schornstein, inklusive Lohnkosten	**3000,–**
Niedertemperaturheizkessel Atola-RN, 40 kW, mit elektronischer Regelung Trimatik, Verticell Warmwasserspeicher, 350 Liter Inhalt	**5500,–**
Bad-Heizkörper, inklusive Kosten für die Anschlußarbeiten	**1000,–**
Heizkörper: Die Preise werden hier in der Regel pro Quadratmeter Wohnfläche angegeben, für gute Qualität sind 25 Euro/m² anzusetzen, das ergibt eine Investition von etwa	**8750,–**
Das Gesamtvolumen der Heizungsmodernisierung inklusive aller Installationen betrug für die 350 m² Wohnfläche rund	**25000,–**

Beim Sanieren älterer Gebäude bedarf der Umgang mit der Fassade, insbesondere deren Öffnungen, ganz besonderer Sensibilität. Wir haben der Stuttgarter Architektin Barbara Döge-Trommer beim Umbau eines Einfamilienhauses in drei eigenständige Wohnungen über die Schulter geschaut: Wie hat sie's gemacht? ■

Fenster und Türen optimal abgestimmt

Den Eindruck eines Wintergartens vermittelt der lichtdurchflutete, teils im Altbau, teils im Anbau gelegene Wohnraum des Straßengeschosses. Eine vorhandene Hintertür zum Garten (kleines Foto) wurde zum Haupteingang für diese Wohnung umfunktioniert. Die mercedessternförmige, transparente Türkonstruktion ist ein prima Windfang.

Die Kombination von vorhandener, traditioneller Lochfassade mit großzügigen Glasfronten im Anbau des über 80 Jahre alten Hauses verlangte durchaus gestalterisches Feingefühl. Die Fenstergrößen – meist in stehenden Formaten – konnten überwiegend erhalten beziehungsweise ergänzt werden. Die Fenster und Türen des Gebäudes waren fast alle in den letzten 20 bis 30 Jahren ausgetauscht worden; sie stammten nun aus drei unterschiedlichen „Generationen". Rahmen und Fensterflügel waren aus Holz, die Verglasungen im Keller noch einfach, ansonsten gab es

Der alte Haupteingang war vor wenigen Jahren mit einer hochwertigen Haustür versehen worden. Nachtblau angestrichen paßt sie auch ins neue Konzept.

teils Verbundfenster der 60er Jahre, teils Isolierglasfenster aus den 80er Jahren. Die Entscheidung für Holzfenster im Altbau und einer Holz-/Alu-Konstruktion im Anbau sowie in der neu zu gestaltenden Gartenfassade war schnell getroffen, ebenso die Wahl des harzarmen und harten, widerstandsfähigen Merantiholzes.

Vorhandene intakte Isolierglasfenster wurden belassen, durch Nutzungsänderung bedingtes Vergrößern von Fensteröffnungen sowie die Fassadenverglasung im Anbau nahmen die stehenden Formate und vorhandenen Größenrelationen des alten Gebäudes auf und wurden mit neuen Holzfenstern beziehungsweise Holz-/Alufenstern mit Wärmedämmglas ausgestattet, innen weiß, außen in der Leitfarbe Nachtblau (RAL 5022). Alle Fenster waren bereits vorgestrichen und vorlackiert, der Schlußanstrich erfolgte nach Einbau auf der Baustelle.

Von den Originaltüren waren außer einer Windfangtür und der Kellerabgangstür – beide wurden restauriert – keine mehr vorhanden. Die in den 70er Jahren eingebauten furnierten Zimmertüren des Obergeschosses wurden nach entsprechender Vorbehandlung lediglich weiß lackiert.

Transparenz durch Ganzglas-Türelemente

Die Wohnungen in Straßen- und Gartengeschoß erhielten maßgefertigte, raumhohe Türelemente, teils aus Holz mit Oberlicht zur Flurbelichtung, teils auch ganz aus Glas (Windfang, Wohnzimmer), um so reizvolle „Lichtblicke“ durch die Wohnung zu schaffen. Bemerkenswertes Detail: Türblatt und Oberlicht der Glastür stoßen stumpf aneinander, so daß man – von Querholmen ungestört – in Richtung Garten schauen kann (siehe Fotos S. 92). Auf den Einbau von Türen in die Küchen wurde verzichtet; es entstanden halboffene Bereiche.

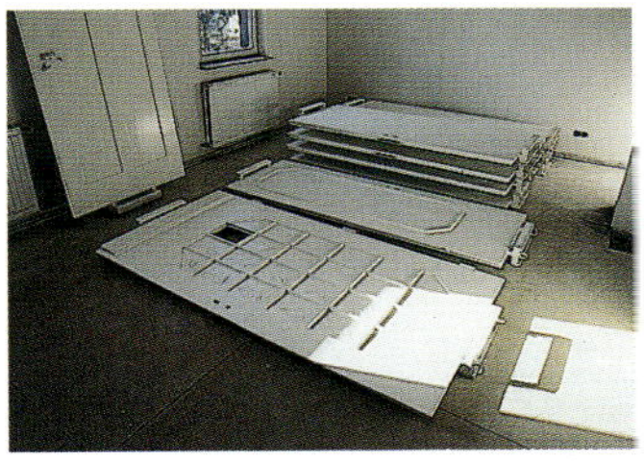

Wird in den letzten Jahren mehr und mehr erkannt: Das Restaurieren alter Massivholztüren ist oft teurer als die neue Tür vom Baumarkt, aber hinsichtlich Ökologie und Optik in jedem Fall besser.

Der alte Haupteingang des Hauses, der nach dem Umbau ausschließlich noch zur Erschließung der Obergeschoßwohnung dient, war vor wenigen Jahren mit einer qualitativ hochwertigen Haustür versehen worden. Der Einbau einer neuen Tür aus rein formalen Gründen erschien bei kostenbewußter Planung nicht vertretbar. Deshalb wurde die vorhandene Tür lediglich mit neuen Beschlägen, blauem Anstrich und anders gestaltetem Treppenbereich veredelt.

Wichtig bei Balkonen: fachgerecht ausgeführte Anschlüsse, denn sonst kann es schnell zu Feuchtigkeitsproblemen kommen. Mit optimaler Abdichtung und Aluprofilen ist man auf der sicheren Seite.

Viele Antiquitätenhändler bieten mittlerweile historische Türen an. Eine Möglichkeit, von der auch Barbara Döge-Trommer Gebrauch machte: Sie ließ ein paar schöne Exemplare restaurieren und in dieses Haus einbauen. Mehr zum Thema „Recycling von Baustoffen“ finden Sie in diesem Buch ab Seite 98.

Einheitliche Beschläge

Wichtig für die Bauherren und die Architektin Barbara Döge-Trommer (Foto links) war das konsequente Erneuern und die Einheitlichkeit aller Fenster- und Türenbeschläge. Man entschied sich für ein klassisches Modell aus der Bauhauszeit, neutral in vernickeltem Material und angenehm in der Handhabung. Ausnahme: die Klapptür zur Dusche im Bühnenraum – hier wurde ein Handtuchhalter aus Edelstahl zum Türknopf umfunktioniert.

Kostenbeispiele zur Fenster- und Türmodernisierung

(Preise in Euro)

Die Kosten für den Glaser liegen bei der Erneuerung von Fenstern und Balkontüren bei zirka 10 bis 15 Prozent der gesamten Sanierungskosten.

Kompletterneuerung Isolierglasfenster:	**ca. 500,–/m²**
Zimmertürbeschläge je nach Modell:	**20 bis 150,–/Paar**
Haustüren mit Sicherheitsbändern:	**ab 2750,–/Stück**

Zur Aufgabe eines Architekten gehört es auch, die Bauherren bei der Wahl der geeigneten Bodenbeläge kompetent zu beraten. Wir zeigen, welche Überlegungen Barbara Döge-Trommer diesbezüglich bei dem Umbau eines Einfamilienhauses in drei eigenständige Wohnungen angestellt hat ■

Bodenbeläge professionell geplant

Auch wenn die Bodenbelagsarbeiten immer erst kurz vor dem Fertigstellen einer Wohnungs- oder Gebäudesanierung ausgeführt werden, sollte man sich schon in einem frühen Planungsstadium intensiv mit den auf dem Markt angebotenen (vielfältigen) Erzeugnissen auseinandersetzen. Die Entscheidung für ein bestimmtes Produkt wird dabei im wesentlichen durch folgende Auswahlkriterien bestimmt:

❑ Raumnutzung: Muß der Belag wasserdicht, rollstuhlgeeignet, leicht zu reinigen sein? Muß er, etwa fürs Kinderzimmer, eine angenehme Oberflächentemperatur haben?

❑ Anforderungen von Bauherren/Mietern: optische und haptische Wirkung, Haltbarkeit, Pflege, Schallschutz, Preis und entsprechende Flexibilität.

❑ Vorhandene Unterkonstruktionen und Raumhöhen, Treppenanschlüsse.

❑ Formale Kriterien: zum Beispiel Großzügigkeit durch möglichst wenig Wechsel von Material und/oder Farbe, geeignete Farbwahl hinsichtlich Belichtung des Raumes und psychologischer Wirkung auf Menschen; Beeinflußung von Raumproportionen durch „gerichtete" Beläge (Faserrichtung von Holz, Verwenden bestimmter Fliesenformate, Richtung der Teppichmuster).

❑ Einbeziehung vorhandener Beläge und deren Kombination mit neuen Bodenbelägen.

Die Bestandsaufnahme ergab, daß es keine erhaltenswerten alten Böden mehr gab, lediglich die eichene Treppe wurde abgeschliffen und versiegelt. Die verschiedenen Bodenbelagsalternativen, eingeteilt in die Großgruppen Stein, Textil, Kunststoff, Holz und andere Naturstoffe (wie Kork, Kautschuk, Linoleum), wurden erörtert, Auftraggeber und die Stuttgarter Architektin Barbara Döge-Trommer entwickelten dann schnell gemeinsame Zielvorstellungen. Der Bauherr, ein Labormediziner, wollte aus Hygienegründen unter gar keinen Umständen Teppichböden im Haus. Gern nahm er deshalb den Rat der Planerin an, sich in den beiden unteren Geschossen für einen Steinboden und im Obergeschoß für Parkett zu entscheiden, ebenso die Empfeh-

Travertinplatten und andere Bodenbeläge kommen nur zur Geltung, wenn sie auf einem topfebenen Untergrund verlegt werden. Die Vorarbeiten sind deshalb kostenmäßig nicht zu unterschätzen.

Verlegt auf fünf Millimeter starker Trittschalldämmung ergibt das – passend zur Eichetreppe gewählte – Parkett eine wohnliche Fläche.

Marmor: relativ günstig und zeitlos schön

Das größte Bad im Haus gehört zur Obergeschoßwohnung. Hier entschied sich die Bauherrschaft für Marmor (Typ Ajax). Da diese Sorte stark strukturiert ist, sollten die einzelnen Wand- und Bodenflächen vor dem Verlegen unbedingt probeweise ausgelegt werden, um einen guten Übergang von Fliese zu Fliese, also ein ästhetisches Fliesenbild zu erzielen. Das kann auch eine Aufgabe für kreative Bauherren sein! Auf jeden Fall sollte man sich in dieser Sache nicht unbedingt auf den Fliesenleger verlassen, rät die Architektin. Interessant: Während ein Marmorbad vor zirka 15 Jahren noch als Inbegriff des Luxus galt, sind die Materialpreise für fast alle Natursteine mittlerweile stark gesunken.

Die Architektin beim Puzzeln: Bäder, Duschen und WCs erhalten rutschfeste, farbige Fliesenbänder.

Kautschuk-Noppenboden auf wasserfest verleimten Spanplatten für die Dusche im Dachgeschoß.

lung, hierfür möglichst ein Material auszuwählen, das frostfest und darum für alle Bereiche, auch für Terrasse und Balkon, geeignet ist. Weitere Gründe waren die diversen Ausgänge ins Freie, gewünschte Großzügigkeit durch einen einheitlichen Belag in der ganzen Wohnung sowie der Wunsch nach Haltbarkeit und Strapazierfähigkeit.

Ausgewählt wurde ein ungespachtelter römischer Travertin, dessen poröse Oberflächenstruktur eine textilsamtene Wirkung hat. Die längsformatigen Platten wurden „knirsch", das heißt fugenfrei aneinandergelegt, so daß die gesamte Oberfläche ruhig und nicht durch Fugenstrukturen gestört erscheint.

Bewußt konträr dagegen die Bodengestaltung der insgesamt sieben Bäder, Duschen und WCs. Die eingelegten farbigen Fliesenbänder – in jeder der drei Wohnungen ein anderer Ton – lockern die weißen Flächen auf. Ein praktischer Zusatznutzen: Sie sind mit einer rauhen Antirutsch-Oberfläche ausgestattet. Die Ausführung erfolgte nach gezeichneten Fliesenplänen.

Wo es auf edle Optik nicht so ankommt, also bei der steinernen Kellertreppe, dem Wirtschaftskeller und dem Heizungsraum, tun preiswerte, dennoch robuste und pflegeleichte Fliesen hervorragend ihren Dienst.

Kostenbeispiele Bodenbelagserneuerung

(Preise in Euro)

Travertin (inkl. Liefern und Verlegen)	**ca. 80,–/m²**
Parkett (je nach Holzart und Dicke der Nutzschicht)	
Material	**ca. 40,– bis 90,–/m²**
Verlegen	**ca. 25,–/m²**
Kautschuk-Noppen-Boden	**ca. 40,– bis 65,–/m²**
Weiße Wand- und Bodenfliesen (inkl. Verlegen)	**ca. 55,–/m²**

In Altbauten gelingt es oft nur mit Tricks und Phantasie, gut funktionierende und nicht zu teure, dabei auch komfortable Sanitärzellen zu integrieren. „Aus zwei mach sieben" könnte das Motto in diesem Fall gelautet haben: Die Architektin dieses Umbaus vervielfachte das sanitäre Angebot des einstigen Einfamilienhauses ■

Sanitärkomfort auf allen vier Etagen

Bedenkt man, daß am Erneuern eines Bades normal 5 bis 7 verschiedene Gewerke beteiligt sind (Abbruch, Rohbau, Sanitärinstallation, Elektriker, Fliesenleger, Maler, Schreiner, Glaser), leuchtet ein, daß selbst für diese scheinbar kleinen Umbaumaßnahmen ein Architekt eingeschaltet werden sollte. Ganz besondere planerische Sorgfalt und Kreativität war bei dem in unserer Umbauserie vorgestellten Objekt gefordert, galt es doch, das ehemalige Einfamilienhaus in drei Wohnungen zu unterteilen und dabei sinnvoll Bäder, WCs (inklusive 3 Gäste-WCs), Duschen und Stellplätze für Waschmaschinen und Trockner zu schaffen.

Das Haus verfügte früher nur über ein Bad/WC im Erdgeschoß und eine „Notdusche" mit WC im Obergeschoß. Um möglichst ökonomisch vorzugehen, setzte sich die Stuttgarter Architektin Barbara Döge-Trommer deshalb zunächst gründlich mit den Möglichkeiten der Leitungsführung für Kalt- und Warmwasser sowie den Entwässerungsmöglichkeiten auseinander. Hier läßt sich schon im Vorfeld bares Geld sparen, denn je weniger neue Leitungen gelegt werden müssen, desto besser.

Tatsächlich ließ sich das angepeilte Ziel realisieren. Jede Wohnung erhielt ein Bad mit Bidet und Toilette und ein separates Gäste-WC, die oberste Wohnung verfügt im Spitzboden sogar noch über eine Gästedusche mit WC.

Während die Bäder der beiden unteren Wohnungen eher klein dimensioniert sind, wurde die Obergeschoßwohnung (auf der Fläche des ehemaligen Notbades, erweitert um die Miniküche plus zirka einen Quadratmeter Flurfläche) mit einem repräsentativen Marmorbad ausgestattet. Die

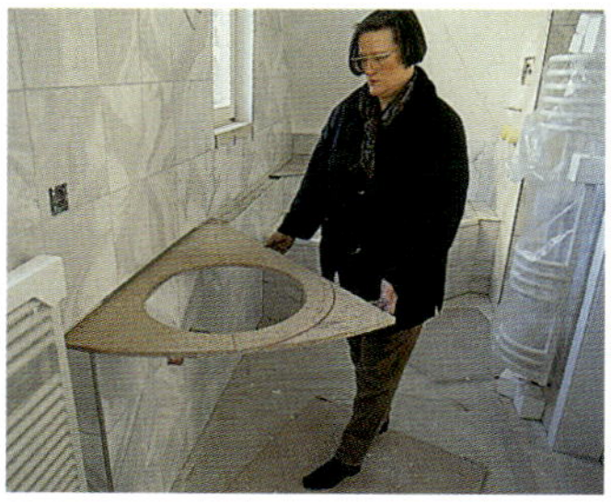

Am luxuriösesten präsentiert sich das mit Marmorplatten verkleidete Badezimmer im Obergeschoß. Der schlauchförmige Raum wird durch die sechseckige Badewanne und die Position von WC und Bidet besser proportioniert.

Mit einer maßstabsgetreuen Holzschablone ermittelte die Architektin die Form des aus Marmor gefertigten Waschtisches. Ein Stück Flur wurde zur Dusche.

Effektive Maßarbeit im Spitzboden: Mit einfachen Hilfsmitteln erarbeitet Barbara Döge-Trommer den optimalen Grundriß des Gästebades. Möbelteile werden zu Wänden, so läßt sich der Bewegungsspielraum in der späteren Dusche simulieren.

Mit einem speziellen, naßraumgeeigneten Trockenbausystem entstehen die neuen Wände.

Die passende Duschwanne plus maßgeschneiderter Glasabtrennung fand sich erst nach langer Suche.

Gegenüber von Dusche und Waschbecken: die Toilette. Kautschuk dient als flexibler Bodenbelag.

Möblierung mit Badewanne, Duschwanne, Doppelwaschtisch, WC, Bidet und Stellplätzen für Waschmaschine und Trockner war nicht ganz einfach, da der zur Verfügung stehende Raum nur etwa 1,50 Meter breit, aber über 6 Meter lang war.

Bei schlauchförmigen Räumen helfen Tricks

Der lange Raum wurde optisch zum einen durch die Sechseck-Badewanne mit Eckablage verkürzt, zum anderen durch die versetzt gegenüberliegende Anordnung von WC/Bidet und Waschtisch.

Räumlich noch viel kniffliger gestaltete sich das Planen des Gästebades im Spitzboden (Fotos oben). Wegen des nötigen Fallrohranschlusses kam nur die ohnehin schlecht nutzbare Fläche im Quergiebel in Frage. Schräge Wände, wenig Fläche mit Stehhöhe, Gratlinien am Hauptdachanschluß, der offenliegende Dachstuhl und mittendrin schließlich noch ein Kamin (direkt neben der heutigen Dusche) machten das Ganze auch für die Handwerker zu einer Herausforderung. Es mußte quasi um jeden Zentimeter gefeilscht werden, außerdem fand sich die Duschwanne mit maßgeschneiderter Glasabtrennung erst nach ausgiebiger Suche. Relativ leicht fiel dagegen die Wahl des Bodenbelags. Auf die Spanplatten-Unterkonstruktion, die ihrerseits auf einer Balkenlage liegt, konnten keine Fliesen aufgebracht werden (Gefahr von Fugenrissen!). Deshalb der Kautschuk-Noppenboden.

Wer die Wahl hat, hat auch beim Bad die Qual

Da man bei einem Bad von einer durchschnittlichen Lebensdauer von zirka 30 Jahren ausgeht, sollte jeder Bauherr gründlich über Modell-, Farb- und Materialwahl nachdenken. „Das Bad markiert den Start in den Morgen. Es sollte also entsprechend motivierend ausgestattet sein", sagt Barbara Döge-Trommer. Schlechte Beratung oder eine Fehlentscheidung können jahrelange Unzufriedenheit bedeuten und mit dem Wunsch nach baldiger (kostspieliger) Korrektur verbunden sein.

Einen Marktüberblick verschaffen kann man sich beispielsweise in Sanitärausstellungen des Sanitärfachhandels und der Baumärkte. Kaum ein Wunsch bleibt heutzutage unerfüllbar, und es gilt mehr denn je: wer die Wahl hat, hat die Qual. Dem ersten Sondieren sollte dann idealerweise, und das sei nochmals betont, der Kontakt mit einem erfahrenen Planer folgen.

Früher war der Raum unter der Keller-Innentreppe ungenutzt. Mit modernen Materialien …

… ließ sich ein vollwertiges WC einrichten. Vorwandinstallation bewährte sich auch in diesem Fall.

Kostenbeispiele Baderneuerung

Wegen der hohen Preisspanne bei Sanitärelementen, Armaturen und Fliesen können für die Sanierung beziehungsweise den Einbau zusätzlicher Bäder oder Duschen nur sehr vage Kostenangaben gemacht werden. Für die Komplettsanierung eines Bades mit durchschnittlichem Standard ohne aufwendige Wasserrohrinstallationen ist mit einem Aufwand von zirka **10000 Euro** zu rechnen. Je nach Raumgröße, Modell-, Farb- und Materialwahl kann sich dieser Wert allerdings ohne weiteres um das vier- bis fünffache erhöhen. Ein Preisvergleich und die Kosten für eine sinnvolle und ökonomische Planung von Leitungsführungen und Badgrundrissen machen sich meist bezahlt.

1910 gebaut, waren die Folgejahrzehnte nicht immer erfreulich für das in Stuttgart stehende, jetzt zu einem viel beachteten und bewunderten Mehrfamilienhaus umgewandelte Gebäude: einiges wurde vor Jahrzehnten schlicht und einfach kaputtsaniert. Auch mit Hilfe wiederverwerteter Baustoffe ließ sich das korrigieren ■

Recycling von Baustoffen war angesagt

Beim Schlendern durch Flohmärkte, Antiquitäten- oder Trödelläden ist in den letzten Jahren ein zunehmendes Angebot an wiederverwendbaren Bauelementen zu verzeichnen. Fanden sich dort früher im Glücksfall ein paar altertümliche Türklinken, sind inzwischen von 300 Jahre alten Tonbiberschwänzen über zwischengelagertes Fachwerkgebälk, alte Türen, Tore, Geländer, Steinstufen, Fenster, Böden, Beschläge bis hin zu recycelten Pflastersteinen aus Straßenbelägen eine Fülle von gebrauchten und wiederverwendbaren „Zutaten“ erhältlich.

So stießen die Besitzer des in unserer Umbauserie vorgestellten Hauses in einem Antiquitätenladen auf das dreiteilige, später im Erdgeschoß als Trennung zwischen Eß- und Wohnzimmer eingesetzte Glastürelement. Beim zweiten Besuch nahmen sie ihre Stuttgarter Architektin Barbara Döge-Trommer mit. Gemeinsam suchten sie noch eine dekorative Tür mit Bleiornamentverglasung (siehe kleines Foto auf der nächsten Seite) und ein altes Gartentor aus (großes Foto). Da alle Teile etwa aus der Zeit des Hausbaus stammten, paßten sie sich nach Aufarbeitung durch qualifizierte Handwerker hervorragend in das Gesamtbild ein. Das kann nur dann funktionieren, wenn der Aspekt Recycling schon im frühesten Planungsstadium beachtet wird. Nach Meinung der Architektin idealerweise unter folgenden Aspekten:

Einst Autobahnbelag, jetzt im Eingangsbereich: alte Granit-Pflastersteine. Das eiserne Tor stammt vom Antiquitätenhändler. Es wurde frisch verzinkt und bildet den Kontrast zur technisch-modernen Briefkastenanlage.

Funktionalität: Zum Beispiel muß eine alte Holztreppe, deren Erhaltung formal und wirtschaftlich wünschenswert wäre, deren Trittstufen aber total ausgetreten sind, saniert oder ersetzt werden, da sie sonst ein Gefahrenrisiko darstellt. Stilgerechte Sprossenfenster mit Einfachverglasung sind bei heutigen Energiekosten nicht mehr zu vertreten. Ersatz ist angesagt: aber bitte mit ähnlichen Öffnungsgrößen und ähnlichen Scheibenproportionen. Und alte Kachelöfen sind zwar reizvoll, aber als alleinige Wärmequelle umwelttechnisch nicht mehr zu vertreten und deshalb nur als Zusatz zur neuen Zentralheizung zu empfehlen.

Ästhetik: Elemente, die in ihrem Stil original aus der Bauzeit des Sanierungsprojektes stammen, sollten wenn möglich erhalten, wenn nötig wieder funktionsfähig gemacht und an gleicher oder anderer Stelle wieder eingebaut werden. Eine Ergänzung durch stilgerechte Neuteile in Maßanfertigung oder Objekte vom Antiquitätenhändler ist durchaus zulässig, auch die Kombination mit modernen Stilelementen ist möglich – doch Vorsicht vor zuviel Stilmixturen und zu großem Drang nach Originellem! Arrangements von alten Türen, alten Holzböden, Deckenstuck, Wand- oder Deckenvertäfelungen und so weiter sind immer mit größter Vorsicht vorzunehmen.

Wirtschaftlichkeit: Mit dem fadenscheinigen Argument der Wirtschaftlichkeit werden oft alte, qualitativ hochwertige Originalbauteile entfernt und durch neue ersetzt. So kann es sein, daß aus Gründerstilhäusern die zu den Raumhöhen passenden, wohlproportionierten und massiven Kassettentüren gegen Fertigprodukte im Neubau-Normmaß ausgetauscht werden, mit der Begründung, neue Türen und Rahmen seien billiger als das Aufarbeiten der alten Türen durch Schreiner und Maler. Doch der Vergleich hinkt, denn er läßt Nebenkosten für Ausbau und Entsorgung der alten Türen und die Anpassung der Öffnungen an heutige DIN-Maße durch Maurer und Gipser außen vor, ganz abgesehen von den ästhetischen Aspekten. Auch werden aus Kostengründen hochwertige Massivholzböden oft mit Teppichböden oder ähnlichem versehen, obwohl Abschleifen und Wachsen oder Versiegeln auch nicht teurer und auf Dauer sogar wesentlich haltbarer ist!

Neu gestaltet zeigen sich die seitlichen Eingänge. Das Treppengeländer wurde aufgearbeitet und wiederverwendet. Die bleiverglaste Windfangtür ist antik.

Ob Türen, alte Eichenbalken oder ganze Fachwerkhäuser: Der „Unternehmerverband Historische Baustoffe" bietet fast alles, was das Modernisiererherz freut. 36 Mitglieder in ganz Deutschland sorgen für flächendeckende Versorgung mit den verschiedensten Materialien. Weitere Informationen: Unternehmerverband Historische Baustoffe e.v., Dreihäusle 3, 78112 St. Georgen.

Ökologie: Entsorgung- und Deponiegebühren für Bauabfälle sind in den letzten Jahren um ein Vielfaches gestiegen und bilden einen ständig wachsenden prozentualen Anteil an den Umbaukosten. Abhilfe kann nur durch Reduzieren der Abfallmengen einerseits und konsequente Werkstofftrennung bereits auf der Baustelle geschaffen werden. Beispiel Mauerwerk: Wegen Grundrißänderungen müssen Wände oder Wandteile abgebrochen, dafür andere Wandstücke erstellt oder Öffnungen zugemauert werden. Warum nicht die alten Backsteine wiederverwenden, auch wenn die Maurer bestimmt protestieren? Bauherren und Architekten kommen heute einfach nicht mehr umhin, sich mit Rücksicht auf Umwelt und Naturreserven noch mehr mit der Wieder- oder Weiterverwendung von Baustoffen zu befassen.

Natürlich, und das sei mit Nachdruck gesagt, muß von vornherein Einigkeit über die zu befolgende Modernisierungsstrategie herrschen. In diesem Fall waren sich Auftraggeber und Planer im klaren, daß zwar die gesamte Technik des Gebäudes zu ersetzen ist, daß aber trotz der umfangreichen und stark in die Bausubstanz eingreifenden Arbeiten die wenigen noch erhaltenen Originalbauteile gesichert und an anderer Stelle wiederverwendet werden sollten. Hierzu zählten zum Beispiel die Erd- und Obergeschoß verbindende Eichentreppe, das eiserne Geländer und die Werksteinstufen der Außentreppe, Fensterbänke aus Stein und vorhandene, erhaltenswerte Zimmer- und Außentüren. Ergänzt wurde das um die hinzugekauften, alten Teile.

Kostenbeispiele

Das Hoftor kostete **1100 Euro**, hinzu kamen **1700 Euro** für den Schlosser (neuer Schloßkasten, elektrischer Türöffner, Montagegestell, Anschlagen der Torflügel, Feststellriegel, Verzinkung). Pflaster wird nach Gewicht abgerechnet, Kontakte über Garten- und Straßen-Bauämter, Bauhöfe, Autobahnmeistereien und Natursteinhändler. „Immer die Augen offen halten nach Schnäppchen, und wenn sich was Passendes findet, nicht zögern", rät Barbara Döge-Trommer. Mit Glück läßt sich dann vielleicht eine wie oben abgebildete Glastür schon unter **600 Euro** finden. Fürs schreiner- und kunstglasermäßige Restaurieren des Schmuckstücks waren weitere **1250 Euro** fällig.

Aus Beispielen lernen: ein Ziel unseres Buches. Mit diesem Beitrag findet eine Reportage über eine unserer Meinung nach vorbildliche Modernisierung ihren Abschluß. Wir verdeutlichen die für Hausbesitzer und Architekten schwierige Situation, vorab die Bausubstanz und damit die Erwerbsfolgekosten exakt zu beurteilen ■

Fazit: Ein altes Haus braucht viel Liebe

Über die Ästhetik der Bretterschalung läßt sich streiten. Aber: sie wurde erst drei Jahre vor dem Umbau angebracht und funktioniert technisch einwandfrei.

Welche allgemeinen Erkenntnisse lassen sich aus dieser Umbauserie gewinnen?

Zunächst müssen Hausbesitzer und Architekt(in) eine gemeinsame Sprache finden. Denn nur so wird die Grundlage für eine erfolgreiche Maßnahme gelegt – und das ist nun mal die perfekte Planung –, die aber durchaus auch spontane Änderungen vor Ort zuläßt oder letztlich erst dort zwischen Bauherr, Architekt und Handwerkern erarbeitet wird.

Und das führt auch schon zum nächsten wichtigen Thema: Architekt und Handwerker müssen ebenfalls eine gemeinsame Sprache sprechen. Das gilt es bei der Auswahl der Handwerker zu berücksichtigen. Das heißt, der billigste wird nicht immer erste Wahl sein – das könnte teuer werden.

Andererseits: Wenn der beauftragte Architekt nichts von der Baustellenorganisation versteht, nützen auch die besten Handwerker nichts. Dann ist das im Überfluß vonnöten, wovon der Hausbesitzer am wenigsten hat: Zeit und somit auch Geld. Denn unter Umständen sind noch Mieten zu bezahlen, während bereits erste Raten für die Darlehensfinanzierung fällig werden.

Wenn man selbst ein noch ganz oder teilweise vermietetes Objekt zum Eigenheim machen möchte, ist es nicht immer nötig, daß bereits alle Mieter ausgezogen sind, bevor man mit den ersten Arbeiten beginnen kann. Dazu unsere Projektarchitektin Frau Barbara Döge-Trommer: „Vielen

Hausbesitzern ist nicht klar, daß man sehr viele Aktivitäten übereinanderschieben kann. Ich habe oft in Zwei- oder Dreifamilienhäusern in Absprache mit den Mietern angefangen umzubauen, bevor diese ausgezogen sind. Meist haben die Mieter hierfür auch Verständnis, Streit sollte vermieden werden."

Nach Meinung der Stuttgarter Architektin unterschätzen viele Eigentümer den Zeitaufwand in der Vorphase: „Es geht nicht so, daß einer sagt, ich will das oder das Haus kaufen, und morgen soll der Handwerker anrücken."

Das Wetter spielt, abgesehen von zum Beispiel Außenputzarbeiten, kaum eine Rolle. Nach verabschiedeter Planung kann oft zügig mit den ersten Aktivitäten begonnen werden: Entfernung alter Tapeten, Fliesen- oder Bodenbeläge, Einrichtung von Baustrom.

Diese komplexen Zusammenhänge kann jeder verstehen, der zum Beispiel „nur" einmal ein Bad modernisieren ließ. Wer das als Hausbesitzer selbst organisieren möchte, sollte sich dies zweimal überlegen. Entweder man findet einen Generalanbieter mit guten Referenzen oder man schaltet einen Architekten ein. Auch wenn sich kaum ein Architekt über einen solchen Auftrag freuen wird, es könnte sich lohnen, hartnäckig zu bleiben.

Zusammenfassend gilt für alle Projekte: Neben ordentlicher Planung und Organisation ist eine erfahrene und regelmäßige Bauleitung außerordentlich wichtig, ohne diese kommt es immer wieder durch fehlerhafte Ausführungen zu Verzögerungen und unter Umständen Kostenerhöhungen.

Spontan notwendige Entscheidungen, wie sie in der Altbausanierung häufig anfallen, sollten möglichst nicht von den Handwerkern getroffen werden müssen.

Nur wenn Sie als Hausbesitzer davon ausgehen können, daß die oben skizzierte Leistung vom Architekten geboten wird, macht eine Zusammenarbeit Sinn.

Die Eichentreppe aus dem Jahr 1910 sorgt für ein schönes Entree. Es bestand nach Meinung der Architektin auch kein Grund sie zu entfernen. Sie wurde nur abgeschliffen und neu versiegelt.

Interview mit der Architektin Barbara Döge-Trommer

„Wenn ich nur 30 Euro pro Stunde berechne, gibt's Druck von meinen Kollegen!"

Redaktion: Wieviel verdient ein Architekt pro Stunde?
Döge-Trommer: Die Honorarordnung sieht einen Verrechnungssatz zwischen 37,50 und 80 Euro pro Stunde vor. Bei Modernisierungen ist außerdem ein Aufschlag möglich, der zwischen 20 und 33 Prozent des Netto-Honorars liegt. Die Mindestsätze dürfen aus standesrechtlichen Gründen nicht unterschritten werden.
Redaktion: Die meisten wissen nicht daß Architekten stundenweise angeheuert werden können.
Döge-Trommer: Das bietet sich zum Beispiel bei einer Hausbesichtigung an. Jemand ist an einer Immobilie interessiert, weiß aber nicht, ob sie ihr Geld wert ist. Also kann er einen Architekten verdingen, der vor Ort schon bald sagen kann, was Sache ist.
Redaktion: Welche anderen Möglichkeiten der Abrechnung gibt es für Architektenleistungen?
Döge-Trommer: Ein Pauschalhonorar oder die von der Honorarordnung ab 25 000 Euro Nettobaukosten favorisierte Abrechnung nach Baukosten.
Redaktion: Letztere ist doch in der Sanierung schwierig?
Döge-Trommer: Kompliziert wird die Sache durch die fast nicht kalkulierbaren Eigenleistungen von Bauherren und Helfern. Diese Leistungen müssen zu den Nettobaukosten hinzugerechnet werden, als ob sie von Handwerkern ausgeführt worden wären. Die Furcht, Architekten würden die Baukosten in die Höhe treiben, um ihr Honorar zu erhöhen, ist meist unbegründet. Für Kostensenkungen bei gleichbleibendem Standard kann man mit dem Architekten ein Erfolgshonorar von bis zu 20 Prozent der eingesparten Baukosten vereinbaren.

„Wenn Handwerker Mist bauen, müssen sie den auch rückgängig machen!"

Redaktion: Thema Mängelbeseitigung und Gewährleistung. Angenommen, handwerkliche Arbeiten sind nicht zufriedenstellend ausgeführt – wie gehe ich vor?
Döge-Trommer: Zur Not einen Gutachter hinzuziehen, dann nachbessern lassen oder eine Preisminderung fordern. Handwerksbetriebe bieten gerne die für sie bequemere und meist kostengünstigere Preisminderung an. Ich rate aber immer zur Nachbesserung, um keinen Qualitätsverlust zu erleiden.

Die Kubatur des Anbaus war durch die zu erhaltenden Sandsteinmauern der alten Scheune vorgegeben. Innerhalb dieser Grenzen plante Jörg Wiedemann ein Haus, das mit ländlich-gemütlichem Charme und prima Detaillösungen überzeugt.

Statt Schuppen neuer Wohnhaus-Anbau

Ein sensibel abgestimmtes Farbkonzept macht das Haus zum sympathischen Individualisten. Taubenblaue Schalung, Buchefenster, Zinkblech und Naturstein ergeben einen harmonischen Mix – gekrönt durchs Ziegelrot des Daches.

Ein knallheißer Tag – ideal, um die baulichen Qualitäten eines Hauses zu testen. Wie ist das Klima innen, vor allem im Dachgeschoß? Denn unzureichende Dämmung, fehlende Speicherfläche und Querlüftungsmöglichkeiten führen sommers schnell zu Saunaatmosphäre.

Drückend schwül ist es, als die Redaktion die Möglichkeit hat, dieses attraktive Haus vor Ort zu inspizieren. Erster Eindruck: starke Optik, in den Wohnräumen äußerst angenehme Temperaturen – wohl ein Ergebnis geschickten Zusammenspiels verschiedener Komponenten. „Obwohl wir es nicht angestrebt haben,

liegen wir beinahe bei einem Nullenergiehaus“, sagt Bauherr und Planer Jörg Wiedemann. Sprich: Dämmung, Fenster und so weiter sind so gut, daß kaum Heizkosten anfallen. Und im Sommer bleibt dank der hochwertigen Konstruktionen viel Wärme außen vor. Regulieren läßt sich das Klima zusätzlich über strategisch günstig platzierte Fenster- und Türöffnungen.

So ist man an diesem Julitag froh, schon die Diele erfrischend temperiert vorzufinden. Einmal erleichtert aufatmen, und schon darf man wieder staunen: Das Treppenhaus – vom Gestalterischen her oft stiefmütterlich behandelt – ist richtiggehend inszeniert und für ein Gebäude dieses Volumens groß. „Hier haben wir uns Luxus gegönnt, weil wir unsere Haushälfte nur für zwei Personen auslegen mußten“, sagt Barbara Wiedemann, die mich – nebenbei bemerkt – in einem zum strahlenden Blau ihrer Augen und dem Farbton der Fassade prima passenden Kleid begrüßt. „Unisono“, ergänzt ihr Mann, „sind alle Besucher sehr angetan von diesem Entrée.“ Er selber hat sich sogar extra einen Stuhl in die Diele gestellt, „einfach, um den Raum ab und zu mal so richtig zu genießen“.

Nebenan wohnt seine Schwiegermutter. Im ehemaligen Bauernhaus, das technisch gleich mit auf den neuesten Stand gebracht wurde (seit 1998 ist Schluß mit Warmwasserbereitung per Holzofen und

Hier halten sich die Wiedemanns am meisten auf. Sie sind begeisterte Hobbyköche. Die Möbel stammen aus ihrem vorherigem Haushalt.

Jörg Wiedemann, Planer (BDB), Karlsruhe

»Für eine gute Querlüftung muß man nicht jedes Fenster öffnen können. Wir haben insgesamt sechs Fenster ohne Flügel. Sparfaktor: 1500 Euro. Außerdem sind die Sprossen überall nur aufgesetzt«

Wäre der ganze Anbau unterkellert worden, hätte im Wohnbereich nicht die Raumhöhe von 3 Metern erzielt werden können (auf dem Foto mit dem Durchblick zur Küche ist im linken unteren Eck die Stufe zum höher liegenden Treppenhaus zu sehen). Während die Couchgruppe absichtlich in ein relativ dunkles Eck gestellt wurde, hat die viel öfter genutzte Wohnküche üppig Tageslicht und Ausblicke ins Grüne.

Heizen mit Gas-Einzelöfen: eine Gas-Zentralheizung mit kombinierter Warmwasserbereitung für Bäder und Küche bringt Komfort).

Sie freut sich, ihre Verwandtschaft so nahe bei sich zu haben. Sehr aufmerksam, teilweise auch skeptisch verfolgte sie die Arbeiten. Skeptisch, weil der Anbau lange Zeit eher an ein Kartenhaus erinnerte und sie sich gar nicht so recht vorstellen konnte, wie das fertig aussieht.

Selbst für Jörg Wiedemann gab es den Punkt, wo er ungeduldig wurde, obwohl – generalstabsmäßig mit seiner ganzen Erfahrung aus dem Projektmanagement viel größerer Objekte geplant – alles „rasend schnell ging“: 1997 Bauantrag fertiggestellt, im Januar eingereicht, Anfang Mai genehmigt, am 18. Mai Baubeginn, 26. Oktober: Einzug.

„Endlich, endlich“ wollte Wiedemann das Häuschen in seiner taubenblauen Hülle sehen, und so war es ein richtiger Festtag, standesgemäß im engsten Familienkreis mit Sekt gefeiert, als die Handwerker die ersten Nut-und-Feder-Bretter der Verschalung anbrachten.

RAL 5014 – so nennt sich der nach langen Überlegungen gewählte Farbton. Verschiedene Alternativen waren in der Diskussion. Wiedemanns entschieden anhand eigens kolorierter Pläne. Ergebnis: Grün inakzeptabel, zu Grau hätten die gewünschten Buchefenster nicht gepaßt. Rot und rote Dachziegel? – ausgeschlossen! (Man hätte auf graue oder schwarze, dem ländlichen Charakter widersprechende Ziegel ausweichen müssen.) Auch Weiß wurde verworfen.

Also Blau, aber nicht zu kräftig, weil es als markante Akzentfarbe bereits fürs Interieur vorgesehen war. Ein Probestück der vorlasierten Schalung bestätigte die Wahl.

Mittlerweile sind wir im Wohnzimmer gewesen und haben einen Blick in die Küche geworfen, wo frischer Kaffee verlockend duftet. Ungewöhnlich geschnitten, das Erdgeschoß. „Es ist maßgeschneidert auf unsere Be-

Tagebuch

Die Scheune ist abgerissen. Schnell, da in Fertigbauweise, entsteht die später als Lagerraum genutzte Teilunterkellerung.

Jörg Wiedemann ist auch Stahlbauer, also mußte statt eines (preiswerteren) Betonsturzes zumindest *ein* Stahlträger rein.

Nach langer Planungsphase biegt endlich ein Tieflader mit der komplett vorgefertigten Außenhülle um die Kurve.

Das erste Teil muß genauestens an den ungeraden Altbau angepaßt werden – umso leichter läßt sich der Rest montieren.

Ruckzuck sind die mit faserverstärkten Gipskartonplatten beplankten Innenwände platziert.

Tagebuch

Holz-Sandwichfaserplatten als Außenbeplankung lassen den Rohbau zu Wiedemanns' Verdruß lange wie ein Kartenhaus wirken.

Das ändert sich auch nicht einschneidend, als Dach und Wintergartenvorbau dem Gebäude seine endgültige Form geben.

Dabei ist der Wandaufbau hochwertig (hier Innenbeplankung mit 18 mm OSB-Holzfaserplatten) und Garant für gutes Raumklima.

„Ein Erlebnis“ und Anlaß zum Öffnen einer Flasche Schampus war darum die Montage des hübschen Außenkleides.

Parallel konnte die Fußbodenheizung in Küche, Eß- und Wohnbereich verlegt werden.

Links: Viel Freude haben die Wiedemanns an dem verhältnismäßig großen Treppenhaus. Die Galerie im Dachgeschoß wird nach Einbau der richtigen Treppe (eine filigrane Stahl-Holz-Konstruktion) noch öfter für Musestunden genutzt werden. Foto ganz unten: Durchblick zum im alten Haus gelegenen Schlafzimmer.

dürfnisse“, sagt Jörg Wiedemann. „Die Küche ist der Raum, wo wir uns am meisten aufhalten, also ist sie nach Süden ausgerichtet und hat viele und große Fenster.“ Dagegen braucht die Wohnzimmersitzecke nur wenig Licht, weil sich die Bauherren (und ihre Gäste) dort normalerweise nur abends aufhalten. „Viele Wohnzimmer werden riesig und hell geplant, aber nie richtig genutzt.“

Außerdem reiche in der Regel – wenn überhaupt erforderlich – eine Teilunterkellerung aus. „Im Keller staut sich häufig nur der Kruscht“, weiß Jörg Wiedemann. In der Tat – denkt man an die eigenen Umzüge, und daran, wieviel seit Jahren Ungenutztes bei solchen Gelegenheiten aus den hintersten Ecken zum Vorschein kommt!

Konzentrierte Installation heißt das Zauberwort, mit dem sich nicht nur Kosten sparen lassen, sondern auch die Technik aus dem Keller verschwinden kann. An einer einzigen kleinen Installationswand im Erd- und Dachgeschoß liegt die Heizzentrale mit Warmwasserversorgung, liegen

„Wir liegen beinahe bei einem Nullenergiehaus. Die Grundeinstellung der Heizung mußte vom Hersteller schon zwei Mal nach unten korrigiert werden. Winters reicht eigentlich allein der Bollerofen aus“

Gäste-WC, Küchenspüle und Spülmaschine, Bad sowie Waschmaschine eng beieinander. „Letztere haben wir aus zweierlei Gründen im Dachgeschoß-Bad stehen“, erläutert Wiedemann. „Einerseits wollten wir den Keller wegen möglichen Hochwassers – dort drüben fließt die Alb – frei halten von Installationen, zum anderen aber bietet dies kurze Wege von Kleiderschränken in der Ankleide übers Bad zum Wäschetrocknen auf dem Balkon.“

Das möchten wir uns ansehen. Über die zweiläufige, buchebelegte Treppe mit ihrem Zwischenpodest und komfortabler Stufenbreite von 1,15 Meter geht's hoch („Es gibt nichts Traurigeres als die üblichen, zweimal viertelgewendelten Reihenhaustreppen!“). Büro und Schlafzimmer in einer Achse, Bad, Galerie mit Rückzugsraum – ein komplettes Dachstudio, und wieder richtig schön kühl.

Inzwischen ist auf der Terrasse, im Schatten hoher Bäume, ein leckerer Erdbeerkuchen serviert. Klacks! – die Sahnehaube drauf und im gemütlichen Gespräch nochmals kurz auf das Energiekonzept eingegangen. Wiedemann: „Winters läuft die Fußbodenheizung morgens drei Stunden, dann ist's bullenwarm.“ Da das Haus sehr offen angelegt ist, reicht dies als Grundheizung. Heizkörper können das bei Bedarf ergänzen. „Und wenn wir den Holzofen anwerfen, schalten wir sowieso alles andere ab.“ ■

Grundrisse

„Man muß seine Lebensgewohnheiten genauestens analysieren“, rät das Ehepaar Wiedemann. Für sie ist ein kleines Wohnzimmer „im dunkelsten Eck“ ideal, denn beispielsweise zum Fernsehen kommen die beiden eh nur spätabends. Wohnzimmer wären allgemein viel zu groß, viel wichtiger sei ihnen beispielsweise die nach Süden orientierte Küche. Dort verbringen sie am Wochenende Stunden mit Kochen und Plaudern. Bewußt Luxus leisteten sie sich mit dem großen Treppenhaus.

ALT ABBRUCH NEU

Fakten

Umbau: 1998
Wohnfläche: 118 m²

Planung: Jörg Wiedemann (BDB), Lange Straße 96, 76199 Karlsruhe, Tel. 0721/989129

Materialien: Sämtliche aufgehenden Wände ab Erdgeschoß sind in Holzständerbauweise ausgeführt; Dämmung: Zellulose (Isofloc); Beplankung: 19 mm DWD-Holzfaserplatte und 18 mm OSB-Platte; Rahmen 40/60 als Installationsebene; Holzschalung; Innenwände: Holzrahmen, Isofloc-Dämmung, faserverstärkte Gipskartonplatten (Fermacell)

An einem Modellprojekt zeigen wir, daß es möglich ist, aus einem alten Gebäude mit hohen Heizkosten ein Niedrigenergiehaus zu machen. Viele Grundlagen, die Planer, Ingenieure und Handwerker erarbeitet haben, lassen sich auch auf andere Altbauten übertragen. Der erste Teil der Serie schildert die Rahmenbedingungen ■

Ökologische Altbau-Sanierung

An diesem Haus in Darmstadt haben die Architekten gezeigt, daß Energiesparen und Bauästhetik mit sinnvoller Planung der Bauphysik und Architektur durchaus harmonieren können.

Das vornehme Paulusviertel im Darmstädter Osten: Entlang der Straßen reihen sich denkmalgeschützte Gründerzeitvillen mit Vorgärten und ehrwürdigen Fassaden hinter hohen Mauern und Zäunen. Inmitten dieser historischen Gebäude schreibt ein Haus Baugeschichte – als bundesweit einmaliges Modellprojekt, bei dem ein Altbau zum Niedrigenergiehaus umgebaut wurde, das heute 80 Prozent weniger Heizenergie verbraucht als vorher. Außerdem präsentiert sich das Sanierungsobjekt architektonisch gelungen und höchst komfortabel. Kein Wunder also, daß sich die Eheleute Ilona und Eberhard Mühlich freuen: „Wir haben unser Ziel mehr als erreicht...".

Wie bei jedem größeren Bauprojekt war der Weg dorthin mitunter steinig. Handwerker „mit wenig Erfahrung" und der „lebhaft tobende Streit der Lehrmeinungen" verunsicherten Mühlichs immer wieder. „Es bedarf schon einer gewissen Festigkeit im Glauben", erinnert er sich, „um ein von außen und innen dichtes, ungelüftetes Dach, eine unbelüftete Schaumstoffdämmung der Außenwände und eine aufwendige Be- und Entlüftung mit Wärmerückgewinnung gegenüber den allgegenwärtigen Skeptikern und Bedenkenträgern zu vertreten". Die Vorbehalte sind durchaus verständlich. Denn wenn vom Heizenergiesparen und insbesondere von Niedrigenergiehäusern die Rede ist, denkt man zunächst an Neubauten.

Das Modellhaus schafft die Grundlagen

Eine von der Regierung eingesetzte Arbeitsgruppe schätzt, daß durch verbesserten Wärmeschutz und andere energiesparende Maßnahmen am Gebäudebestand rund 100 Millionen Tonnen CO_2 eingespart werden könnten.

Familie Mühlich hat bewiesen, daß sich Umweltbewußtsein und Wohnkomfort im Altbau unter einem Dach vereinen lassen – obwohl das anfangs gar nicht geplant war. Zunächst wollte die Baufamilie einfach ein reizvolles altes Haus kaufen und zum Zweifamilienhaus ausbauen. Doch am Darmstädter Institut für Wohnen und Umwelt (IWU), wo beide als Sozialwissenschaftler arbeiten, hatten die Kollegen der Bauphysik eine viel bessere Idee: bei diesem Objekt konnte man versuchen, die in vielen neugebauten Niedrigenergiehäusern gesammelten Erfahrungen auf eine Althaus-Modernisierung zu übertragen. So entstand das Forschungsprojekt „Niedrigenergie-Altbau“, unterstützt vom Land Hessen und wissenschaftlich begleitet von dessen Forschungsinstitut IWU.

Die Vorgabe: Modellhafte Sanierung der nach Kriegszerstörung wieder aufgebauten Doppelhaushälfte, wobei der Heizenergieverbrauch von bisher 350 kWh/m²/J auf weniger als 70 gedrückt werden sollte. Um es gleich vorweg zu nehmen, das hochgesteckte Ziel wurde nicht nur erreicht, sondern mit dem tatsächlichen Jahresheizenergiebedarf von 59 Kilowattstunden pro Quadratmeter und Jahr konnte der vorgegebene Wert sogar deutlich unterboten werden.

Auffälligstes Detail der neuen Fassade ist die Belichtung des Treppenhauses. Gut zu sehen sind auch die abgeschrägten Laibungen der Gauben. So ließ sich verhindern, daß sie aufgrund der dicken Wärmedämmung wie Schießscharten wirken.

Die Mehrkosten lassen sich genau ablesen

Rein finanziell gesehen schlug das einjährige Umbauprojekt samt Wohnraumerweiterung von 226 auf 239 Quadratmeter mit satten 350000 Euro zu Buche. Den Anteil der Maßnahmen für die Erreichung des Niedrigenergie-Standards beziffert Bauherr Mühlich auf runde 50000 Euro. Das bedeutet anders ausgedrückt: einem Siebtel der Investitionskosten ist es wesentlich zu verdanken, daß unterm Strich Jahr für Jahr über 80 Prozent Heizenergie gespart werden. Eine Rechnung, die für den Bauherrn aufgeht? „Auf jeden Fall“, erklärt Eberhard Mühlich, denn nur so lasse sich „der Energieverbrauch zum Schutz der Umwelt rasch deutlich senken“. Alles habe sich „in der Wohnpraxis voll bewährt – ohne Abstriche“. Keine Frage, daß mancher Sanierungsinteressent angesichts solcher Summen zurückschrecken wird, wenn er seinen geerbten oder gekauften Altbau auf Vordermann bringen möchte.

WIDERSPRUCH UND HARMONIE

Architekten: Erika & Ulrich Keller

Einen Altbau in denkmalgeschützter Umgebung gestalterisch aufzuwerten, das beschreibt das Architektenehepaar Erika und Ulrich Keller als „anspruchsvolle, aber bekannte Aufgabe“. Zur „echten Problemstellung“ werde diese Aufgabe jedoch, wenn das Gebäude im Zuge der Sanierung auch noch zum Niedrigenergiehaus umgebaut werden soll – wie im Fall des hier gezeigten Darmstädter Modellprojektes.
Doch gerade dieser Ansatz „machte die Bauaufgabe besonders reizvoll“, sagen die Architekten und betraten Neuland. „Zunächst ist die Verbindung des Energiesparens mit der architektonischen Formensprache im Altbau ein scheinbarer Widerspruch“, erklärt Ulrich Keller.
Aufgelöst wurde er im Gesamtentwurf und im Detail. Beispiel Fassade: Seit dem Umbau fangen – wie früher nur im Erdgeschoß – große, tief heruntergezogene Fenster auch in den Obergeschossen Licht und Wärme der Sonne ein; auf der kalten Nordseite dagegen sind die Öffnungen klein. Beispiel Gaubenlaibung: Durch die nachträgliche Außenwanddämmung wurden die Laibungen sehr tief. Weil sich die Industrie mit fertigen Lösungen für solche Problemstellungen noch schwer tat, gestaltete Erika Keller die Laibungen „abgeschrägt“, damit sie gefälliger wirken und mehr Sonnenlicht hereinlassen. Ihren Grundansatz beschreibt die Planerin so: „Beim energetischen Bauen geht es nicht nur um kompakte Baukörper, sondern auch um gute, anspruchsvolle Architektur“.

Doch ganz so dramatisch muß man die Sache auch nicht sehen. Denn erstens orientierte sich das Darmstädter Forschungsprojekt natürlich stets am technisch Machbaren, und manche Lösung mußte erst einmal entwickelt werden. Zweitens müssen bei Altbausanierungen ja nicht gleich alle Maßnahmen auf einmal ausgeführt werden. Jedoch sollte man sich nicht heute mit „Halbheiten“ sinnvolle Veränderungen für morgen verbauen. Will heißen: Wer zum Beispiel neue Fenster einbauen möchte, sollte gleich Wärmeschutzgläser mit gutem U-Wert nehmen und die Maßnahme – falls es finanziell „eng“ wird – besser verschieben, anstatt mit geringerer Scheibenqualität sparen zu wollen. Wenn beispielsweise sowieso eine Fassadenrenovierung ansteht, kann man mit relativ kleinem Mehraufwand große Wirkungen im Hinblick auf die Wärmedämmung der Außenwände erzielen! Daneben ist zu fragen, ob es nicht vielleicht mehr Sinn macht, sein Geld in die Dämmung der Kellerdecke oder des Dachs zu stecken und dafür lieber bei teuren architektonischen „Spielereien“ ein paar Abstriche zu machen.

Wichtig ist auf jeden Fall ein Gesamtkonzept, bevor die Baufamilie einfach irgendwo anfängt. Beim „Projekt Darmstadt“ hat es sich als ideal erwiesen, daß die Bauherrschaft mit dem Darmstädter Architekten-Ehepaar Erika und Ulrich Keller sowie dem Haustechnikingenieur Hans Baumgartner aus Mörlenbach Baupartner hatte, die „offen“ waren für eine fruchtbare Zusammenarbeit.

Ergebnis war jedenfalls eine rundum gelungene ökologische Modernisierung. Auf den nächsten Seiten gibt es ein paar Detaildaten.

In dem Darmstädter Modellprojekt „Niedrigenergie-Altbau", das wir in dieser Serie beschreiben und weiterverfolgen, wurde das Grundübel der Energieverschwendung durch mangelnde Wärmedämmung abgestellt und demonstriert, mit welchen Mitteln man sogar den Niedrigenergie-Standard erreichen kann ■

Hoher Standard mit Wärmedämmung

Wie wird ein Altbau zum Niedrigenergiehaus? Vor allem durch eine optimale Wärmedämmung aller Außenbauteile; also Außenmauern, Dach und Kellerwände bzw. Kellerdecke, wenn der Keller unbeheizt ist. Allein durch die Außenwände geht in schlecht gedämmten Altbauten bis zu 40 Prozent Heizenergie verloren! Das belastet den Geldbeutel und die Umwelt. Fachingenieur Hans Baumgartner nennt die Maßnahmen:

- ❑ Wärmedämmung der Außenwände, des Dachs und der Kellerdecke.
- ❑ Austausch der Fenster.
- ❑ Abdichtung von Dachstuhl, Fenstern und Türen.

Nach der Bestandsanalyse hat Baumgartner „die Dämmstärken an Außenwand, Dach und Kellerdecke optimiert". Doch auch bei dem Forschungsprojekt machte man die für eine Altbausanierung typische Erfahrung, daß das, was sich in der Theorie zunächst einfach anhört, in der praktischen Ausführung problematisch sein kann: Wegen der niederen und zudem gewölbten Kellerdecke war es nur schwer möglich, sie von unten zu dämmen. Die Dachsparren waren mit einer Höhe von zehn Zentimetern für die errechnete Dämmstärke zu schwach dimensioniert. Weil die Außenwanddämmung sehr dick wurde und zur Vermeidung von Wärmebrücken auch die Laibungen gedämmt werden sollten, wurden die Fensteröffnungen immer kleiner. Dennoch fanden Haustechnikingenieur Baumgartner und Architektin Erika Keller Lösungen. Mit einer abgehängten Dämmschicht – 15 Zentimeter starke Polystyrol-Hartschaumplatten – wurde die Kellerdecke gedämmt. Das vermeidet Wärmeverluste, oder anders ausgedrückt: so kann man die bekannte „Fußkälte" über unbeheizten Räumen in den Griff bekommen.

Die 36 Zentimeter dicken, stark wärmeleitenden Ziegel-Außenwände bekamen ein Wärmedämm-Verbundsystem aus Hartschaumplatten und einen mineralischen Außenputz.

Die Aufbringung ist im Prinzip einfach: Die Dämmplatten werden mit Mörtel auf den alten Außenputz geklebt und zusätzlich mit Dübeln fixiert. Auf die Dichtigkeit der Dämmschicht ist zu achten.

Die Vorteile der nachträglichen Wärmedämmung an Altbauten faßt das Darmstädter Institut Wohnen und Umwelt, welches das Projekt wissenschaftlich begleitete, zusammen: Durch die Dämmung erhöht sich die Temperatur auf der Innenseite der Außen-

KELLERDECKE

Vorher
Ungedämmte Kellerdecke, U = 1,21 W/m²K

Nachher
Dämmung der Kellergeschoßdecke von unten mit 15 cm Polystyrol-Hartschaum, U = 0,23 W/m²K

Wichtig zu wissen: Je kleiner die U-Zahl, desto günstiger ist die Wärmedämmwirkung eines bestimmten Bauteils. Bei der Kellerdecke hat sich die Dämmwirkung verfünffacht.

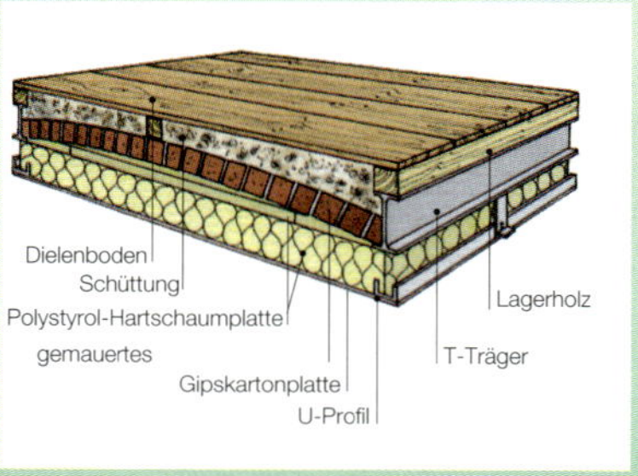

AUSSENWÄNDE

Vorher
36,5 cm dicke Außenwände aus massivem, gut wärmeleitendem Mauerwerk, U = 1,37 W/m²K

Nachher
Außenwände mit Wärmedämmverbundsystem aus 15 cm Polystyrol-Hartschaum, U = 0,22 W/m²K

Die Dämmung reicht bis 20 cm unter die Höhe der Erdgeschoßdecke. Der aus der Erde ragende Kellersockel wurde auch gedämmt und mit hinterlüfteten Platten versehen.

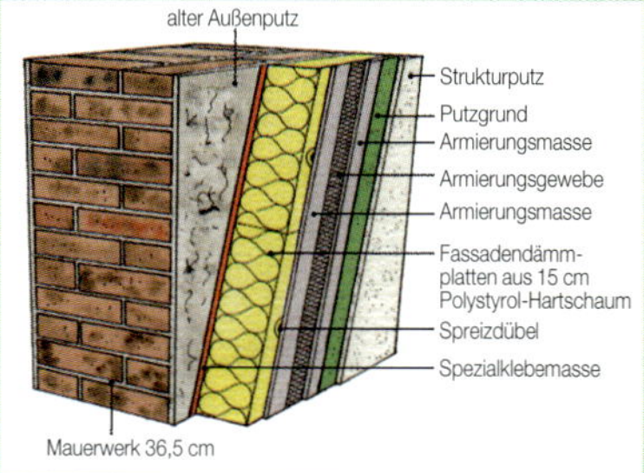

wand. Warme Wände sind Voraussetzung für ein behagliches Raumklima. Außerdem lassen sich so Wärmebrücken vermeiden, Tauwasserniederschlag, also „feuchte Wände“ verhindern. Das unterbindet Schimmelbildung mit ihren gesundheitsschädlichen Folgen. In diesem Zusammenhang räumt Dieter Klinkenberg, Bauphysiker bei der Firma Capatect, mit einem weitverbreiteten Irrtum auf: „Es ist nicht so, daß bei guter äußerer Wärmedämmung mehr gelüftet werden müßte, das Gegenteil ist richtig“, betont Klinkenberg.

Wärmedämmung schützt auch die Bausubstanz

Auch dem Schutz der Bausubstanz kommt die Wärmedämmung zugute. Denn massive Außenwände zeigen gewöhnlich erhebliche Temperaturschwankungen durch intensive Sonneneinstrahlung tagsüber und starke Abkühlung in der Nacht. Als Folge können Risse im Mauerwerk entstehen. Die zerstörerischen Temperaturschwankungen gleicht ein guter Wärmeschutz fast völlig aus. Die beste Fassadendämmung ist nur „die Hälfte wert“, wenn die Heizenergie durch die Öffnungen nach draußen verpufft. Deshalb wurden bei der Darmstädter Modernisierung alle einfachverglasten Fenster durch moderne mit Wärmeschutzglas ersetzt.

Am Beispiel der Fenster läßt sich gut nachvollziehen, wie auch Architektin Keller mit ihrer Planung an vielen Stellen zum Energiespar-Konzept beigetragen hat. Indem sie zum Beispiel die Fenster auf der Südseite möglichst groß dimensioniert und Verschattungen durch andere Bauteile vermieden hat, wirken diese Glasflächen als „passive Sonnenkollektoren“.

Ein bauphysikalisches Highlight zum Energiesparen im Altbau stellen die von innen zu bedienenden Klappläden dar. Um unnötige Wärmeverluste zu vermeiden, können die Läden mit speziellen Kurbeln von innen geschlossen bzw. festgestellt werden, ohne die Fenster zu öffnen. Die energetischen Schwachstellen „Rollladenkasten“ und „Gurtöffnung“ durchs Mauerwerk entfallen hier ganz. Im Zuge der grundlegenden Sanierung entschloß sich Eberhard Mühlich das Dach mit neuen, den Isolierstärken angepaßten Dachsparren zu versehen.

Fürs Dach gab es eine Speziallösung

Auch bei dieser Dachdämm-Maßnahme zeigt sich, wie wichtig das Wissen um den richtigen Baustoff in jedem Detail ist. „Um den Holzanteil der Sparren klein zu halten, haben sie ein dem Stahlbau nachempfundenes I-Profil“, erklärt Ingenieur Baumgartner. So wird der stärker wärmeleitende Holzquerschnitt zum Gutteil durch Dämmstoff ersetzt. Um die rechnerischen Vorgaben zu erfüllen, mußte auch hier die Winddichtigkeit gewährleistet werden. Verwendet wurden zwei verklebte Polyethylen-Folien – eine unter und eine über den Sparren –, die den Isolierraum bilden. So war es möglich, die notwendige, 28 Zentimeter starke Wärmedämmung aus präparierten Zelluloseflocken zwischen die Sparren einzublasen. An diesem Punkt kommt ein weiteres wichtiges Detail zum Tragen, das zeigt, wie gewissenhaft solch eine Sanierung durchgeführt werden muß: „Bei einer Schüttisolierung bereiten die Dachdurchdringungen der Abwasserfallrohre einige Probleme“, weiß Hans Baumgartner. Sie müssen mit großer Sorgfalt winddicht abgeklebt werden. Und das hilft.

„Es galt, die Wärmedämmung der Außenbauteile zu verbessern und die Winddichtigkeit des Gebäudes herzustellen.“

DIPL. ING. H. BAUMGARTNER, EXPERTE FÜR HAUSTECHNIK

DACH

Vorher
Ungedämmtes Dach,
U = 1,35 W/m²K

Nachher
Dachdämmung zwischen den Sparren mit 28 cm Zellulose-Dämmstoff,
U = 0,17 W/m²K

Alternativen wären 20 cm Mineralwolledämmung gewesen oder eine Wärmedämmung unter den Sparren, das hätte aber das Platzangebot unterm Dach eingeschränkt.

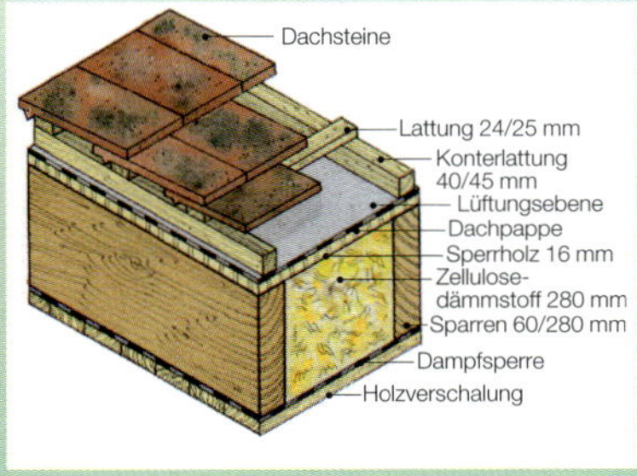

FENSTER

Vorher
Alte, einfach verglaste Holzfenster,
U = 5,2 W/m²K

Nachher
Neue Holzfenster mit Wärmeschutzverglasung,
U = 1,5 W/m²K

Dieser Standard wird von neuen Gläsern bereits unterboten. Auch undichte Rahmenfugen lassen sich bei der Renovierung beseitigen.

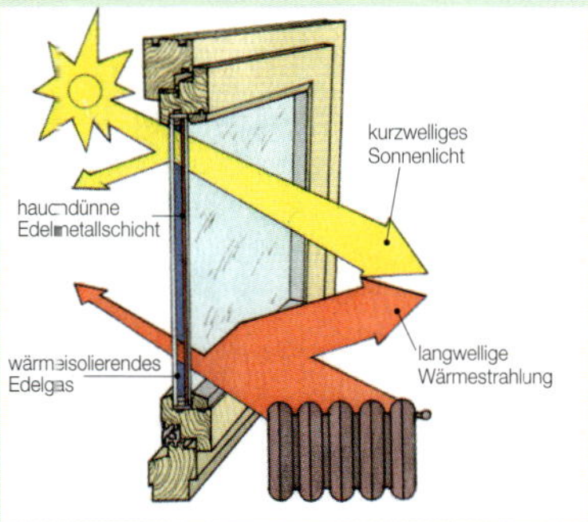

Die Rückbesinnung auf eine Jahrtausende alte Heiztechnik verknüpft mit High-Tech-Komponenten kennzeichnet die Heizungsmodernisierung des Modellprojektes in Darmstadt. Das beeindruckende Ergebnis: Der Heizenergieverbrauch des alten Hauses konnte um sage und schreibe 80 Prozent gesenkt werden! ■

Die Heizungs-modernisierung

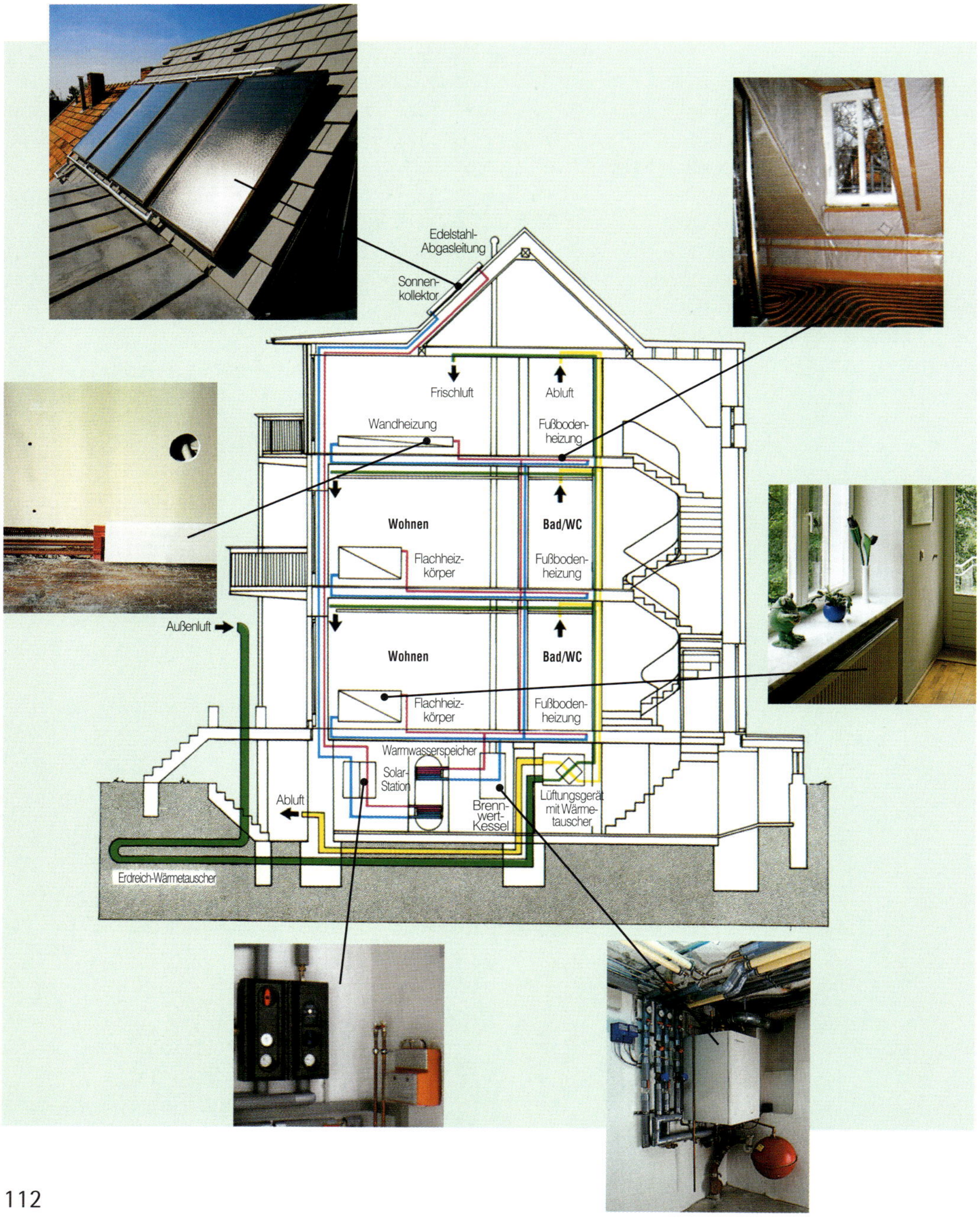

Zunächst ging es darum, die Gebäudehülle optimal zu dämmen, um mit möglichst wenig Heizwärme auskommen zu können. Dann wurde die altersschwache Ölheizung ausgebaut und durch einen Gas-Brennwertkessel ersetzt. Der braucht für die Heizung und die Warmwasserbereitung nur eine Leistung von elf Kilowatt. Mit der Gas-Brennwerttechnik lassen sich Nutzungsgrade von über 100 Prozent erzielen – durch die Nutzung der Abgaswärme. Somit verbessert sich der Wirkungsgrad im Vergleich zum Niedertemperaturkessel nochmals um etwa zehn Prozent.

Nebeneffekt: Weil die Abgasleitung hinauf zum Dach lediglich sieben Zentimeter Durchmesser hat, läßt sich der vorhandene Schornstein anders nutzen. Im Darmstädter Haus der Familie Mühlich verlaufen hier jetzt die Elektro- und Lüftungsinstallationen.

Eine Solaranlage liefert warmes Wasser

Im Zuge der Heizungsmodernisierung wurde auch der Warmwasserspeicher im Keller durch einen bivalenten Speicher mit 350 Liter Volumen ersetzt. „Bivalent" bedeutet, daß er parallel mit einer Solaranlage gekoppelt ist. Richtig ausgelegte Solarkollektorenanlagen, bei denen alle Systemkomponenten gut aufeinander abgestimmt sind, können 50 bis 80 Prozent des Energiebedarfs zur Trinkwassererwärmung beisteuern.

Im Hause Mühlich liegen auf dem nach Süden ausgerichteten Satteldach acht Quadratmeter Flachkollektoren. Über den Solarkreislauf wird die auf dem Dach gewonnene Wärme direkt in den Speicher im Keller geleitet. Der Heizkessel für die Warmwasserbereitung schaltet nur noch dann ein, wenn nicht genügend solar erwärmtes Brauchwasser zur Verfügung steht.

Angesichts der Umweltbelastungen und des „Ausverkaufs“ der fossilen Energieträger Öl und Gas „ist es ein gutes Gefühl, mit der Sonne das Wasser zu erwärmen“, berichtet Eberhard Mühlich von seinen Erfahrungen. Und der Hausherr fragt sich inzwischen sogar, „weshalb es keine Weiche gibt, mit der die Solarenergie auch in die Raumheizung umgelenkt werden kann“.

Für die Raumheizung wird die Sonne selten genutzt

Sogenannte Saisonalspeicher bieten heute bereits gute Ergebnisse bei der Nutzung der Sonnenenergie für die Raumheizung, so daß auch in unse-

Der neue Warmwasserspeicher im Keller ist direkt an den Gas-Brennwertkessel angeschlossen. Daneben ist er auch mit der Solaranlage auf dem Dach gekoppelt. Das Speichervolumen dieses Geräts beträgt deshalb beachtliche 350 Liter.

ren Breiten selbst im Winter die Heizwärme aus dem Wassertank kommen kann.

Doch nicht nur das große Konzept, auch die Detaillösungen zählen. So bekamen die Rohrleitungen des Solarkreislaufs in dem „Vorzeigehaus“ eine neuartige Dämmung: Das Kupferrohr ist mit hitzebestän-

Links: In diesem Fall wird der alte Heizkörper belassen, die neue Installation für die Wandheizung (siehe auch Graphik) davorgesetzt. Unten: Gerade im Bad machen solche sehr genau programmierbaren Raumtemperaturregler Sinn. Expo Stadt

digem Polyester-Vlies umwickelt, darüber sind Dämmschalen angebracht.

Neben der Suche nach innovativen Lösungen besann man sich bei dem Darmstädter Modellprojekt auch auf Altbewährtes – freilich in neuer technischer Ausführung. Und zwar in Form einer Wand-Heizung im Dachgeschoß.

Das Prinzip der Wandstrahlungsheizung ist denkbar einfach: Ein an den Warmwasserkreislauf des Heizkessels angeschlossenes Kupfer-Rippenrohr wird in Fußleistenhöhe entlang der zur Beheizung vorgesehenen Wände verlegt. Davor wird eine Wand vor der Wand hochgezogen, dazwischen verteilt sich die aufsteigende Warmluft gleichmäßig und ganzflächig. Der Aufwand ist relativ gering, weil es sich bei der Vorsatzschale lediglich um eine 12,5 Millimeter starke, spezielle Gipskartonplatte handelt. Das Ganze funktioniert bei bestehenden Wänden ebenso wie bei nachträglich in Trockenbauweise eingezogenen System-Zwischenwänden.

Die Mühlichs schätzen die Strahlungsheizung, die sich für den Wohnwert vor allem dadurch auszeichnet, daß durch die gleichmäßige Wärmeabgabe keine Kaltluftströmungen und Staubverwirbelungen entstehen. Somit stellt sich die gewünschte Behaglichkeit be-

reits bei rund 20 Grad Celsius und nicht erst bei 23 Grad ein. Das Wohlbefinden und der geringe Heizenergieverbrauch sprechen für die Wandheizung, die derzeit noch ein Schattendasein führt.

Im Erd- und ersten Obergeschoß des Hauses sorgen Niedertemperatur-Heizkörper für die Raumwärme. Diese Radiatoren erzielen mit relativ niedriger Wassertemperatur und geringerer Wassermenge als herkömmliche Flachheizkörper eine hohe Wärmeleistung.

Beim Einbau der neuen Bäder wurden Fußbodenheizungen verlegt. Die Verwendung dieses trägen Heizsystems im Rahmen der ökologisch ausgerichteten Sanierung rechtfertigt man als „akzeptabel“, weil es „wegen der sehr guten Außenwanddämmung in den kleinen Nordräumen die passive Nutzung der Sonnenenergie nicht behindert“.

Um möglichst viel Energie zu sparen, werden Fußboden- und Wandheizung über programmierbare Einzelraumregler ein- und ausgeschaltet.

Gute Regelung verhindert unnötigen Verbrauch

Das bedarfsgerecht einstellbare Zeitschaltprogramm am Heizkessel kann Zimmer für Zimmer weiter differenziert werden, damit nirgendwo im Haus unnötig geheizt wird. Damit liegt das Heizungskonzept auf der richtigen Linie: Drastisches Sparen von Energie gelingt nur, wenn sich zur „intelligenten“ Technik das bewußte und richtige Verhalten der Bewohner gesellt!

VOM ÖL ZUM GAS

Vorher	Nachher
Alter Ölheizkessel (Leistung 34 Kilowatt)	Gas-Brennwertkessel (Leistung 11 Kilowatt)
Uneffektive Rippenheizkörper	Niedertemperatur-Heizkörper, Fußbodenheizung und Wandstrahlungsheizung
Unzureichend gedämmter Warmwasserspeicher	Bivalenter Warmwasserspeicher, erwärmt durch Heizkessel und Solarkollektoren
	Effiziente Heizleistung durch (programmierbare) Einzelraum-Temperaturregelung

Der nachträgliche Einbau von Be- und Entlüftungsanlagen, noch dazu mit Wärmerückgewinnung, wurde bisher eher theoretisch diskutiert. Mit dem Darmstädter Niedrigenergiehaus liegt jetzt eine Modellanlage vor, die auch wissenschaftlich überwacht wird. Im letzten Teil unserer Serie stellen wir nun dieses Konzept vor ■

Lüftung im Haus der Zukunft

Bei Eberhard Mühlich fühlt sich der Oleander selbst im tiefsten Winter in einem einfachen Foliengewächshaus wohl. Der Grund: Hier drin ist es auch bei Minusgraden feuchtwarm, weil aus Mühlichs Wohnhaus die Abluft abgesaugt und mit 30 Prozent Restwärme ins Gewächshaus geblasen wird. Und diese feuchte, kohlendioxid-reiche Warmluft tut den Pflanzen richtig gut. Selbstverständlich ist das nur ein netter Nebeneffekt der kontrollierten, sprich automatischen Wohnungslüftung, die in erster Linie dem Wohlbefinden der Hausbewohner und dem Umweltschutz dienen soll.

Geschickt versteckt hinter der Treppe: Ansaugrohr für Frischluft.

Ein Ziel der Sanierung war es, aus dem 1951 im Darmstädter Osten erbauten Haus nachträglich ein Niedrigenergiehaus zu machen. Weil dazu die Gebäudehülle winddicht „verpackt" wurde, gelangt seither weniger Luftfeuchtigkeit aus den Räumen nach draußen. Nicht zuletzt deshalb erschien eine kontrollierte Raumlüftung sinnvoll. Und: Mühlichs heizen weniger zum Fenster hinaus, weil die Lüftungsanlage unnötige Wärmeverluste vermeidet.

Das Prinzip ist einfach. Im Garten wird ständig frische Luft angesaugt, die in die Wohnräume strömt. Im Gegenzug gelangt die verbrauchte Raumluft übers Gewächshaus wieder nach draußen. In der Praxis sieht das Ganze allerdings etwas komplizierter aus, zumal die Anlage mit einem sogenannten Erdreichwärmetauscher sowie einem Gerät für Wärmerückgewinnung ausgestattet ist. Hier die Details: Bevor die Außenluft ins Haus gelangt, strömt sie durch den Erdreichwärmetauscher. Dieser besteht im vorliegenden Fall aus zehn Zentimeter dicken Kunststoffrohren, die am Bau normalerweise zum Schutz von Elektroleitungen verwendet werden. Die Rohre liegen in einer weiten „Schleife" zwischen 1,50 und 1,80 Meter tief im Garten vergraben. Mit diesem einfachen System kann die angesaugte Frischluft im Winter um etwa zehn Grad Celsius erwärmt werden, also beispielsweise von minus 5 auf plus 5 Grad Celsius. „Dieser Erdreichwärmetauscher läßt die Luft nie kälter als plus drei Grad werden", erklärt der Fachingenieur Hans Baumgartner, bei diesem Forschungsprojekt für die Haustechnikplanung zuständig, zur Leistungsfähigkeit des Geräts. Noch weiter erwärmt wird die vorgewärmte und filtergereinigte Luft in einem Kreuzstrom-Wärmetauscher und um weitere 10 bis 15 Grad durch die Abluft des Gebäudes.

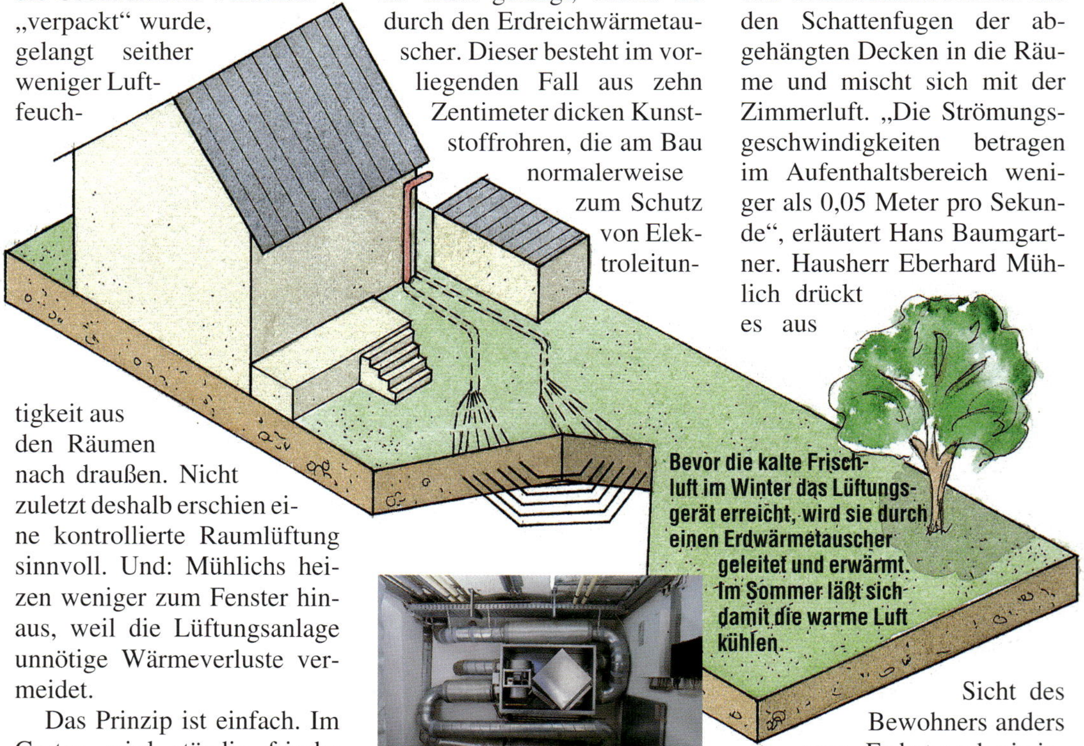

Bevor die kalte Frischluft im Winter das Lüftungsgerät erreicht, wird sie durch einen Erdwärmetauscher geleitet und erwärmt. Im Sommer läßt sich damit die warme Luft kühlen.

Im Sommer wird die Zuluft aufgrund der relativ konstanten Erdreichtemperatur nie wärmer als 18 Grad.

Die Luft „fließt" im Wohn- und Schlafzimmerbereich aus den Schattenfugen der abgehängten Decken in die Räume und mischt sich mit der Zimmerluft. „Die Strömungsgeschwindigkeiten betragen im Aufenthaltsbereich weniger als 0,05 Meter pro Sekunde", erläutert Hans Baumgartner. Hausherr Eberhard Mühlich drückt es aus Sicht des Bewohners anders aus: „Es hat noch nie jemand gesagt, in der Wohnung würde es ziehen!" Abgesaugt wird die Luft in Küche, Bad und WC. Als Abzugslöcher sind einfache Ventile in die abgehängten Decken eingebaut.

Das eigentliche Lüftungsgerät mit eingebautem Kreuzstrom-Wärmetauscher ist im Heizungskeller untergebracht. Mit dem System der abgehängten Decken ging die Installation der notwendigen Rohre relativ problemlos vonstatten, und auch die Zu- und Abluftstellen ließen sich optimal anordnen. Der Beweis für die Machbarkeit des nachträglichen Einbaus einer kontrollierten Wohnungslüftung im Altbau ist erbracht. Damit später alles optimal funktioniert, muß jedoch – wie bei jeder anderen Haustechnik auch – alles bis ins Detail stimmen.

Dunstabzug bleibt ein eigenes System

„Wichtig ist die Nichteinbindung der Dunstabzugshaube, weil sonst der Schaden durch mit Fett verschmutzte Lüftungsrohre größer ist als der Vorteil durch gesparte Energie", sagt Experte Baumgartner. Auch das Problem der Schallübertragung zwischen den Räumen, die am gleichen Rohrsystem hängen, ist zu lösen. „Dies ist", meint Baumgartner, „zuverlässig nur mit einem speziellen Schalldämpfer zu machen."

Wenn eine solche Anlage die gewünschten Effekte bringen soll, muß nicht nur die Technik stimmen, auch die Bewohner müssen sich entsprechend verhalten.

Versuche im Neubaubereich haben gezeigt, daß die Hausbewohner trotz Lüftungsanlagen nicht auf die gewohnte Fensterlüftung verzichtet haben. Das Ergebnis sind unnötige Wärmeverluste sowie zusätzlicher Stromverbrauch.

Wenn die Luftaustauschrate zu hoch ist, kann sich vor allem im Winter ein weiteres Problem ergeben. Daß nämlich die Luft zu trocken wird. Trotzdem raten Institutionen wie das Darmstädter Institut Wohnen und Umwelt, das dieses Modellhaus als Forschungsvorhaben wissenschaftlich betreute, oder das Fraunhofer-Institut für Bauphysik in Stuttgart zur kontrollierten Lüftung, und sogar zur etwas umstrittenen Wärmerückgewinnung. Die Institute beziffern die Kosten einer Sammel-Abluftanlage auf 15 bis 25 Euro pro Quadratmeter Wohnfläche, für Zu- und Abluftanlagen mit Wärmerückgewinnung werden 40 bis 60 Euro angesetzt. Die Ausgaben für eine Lüftungsanlage seien aus hygienischer und bauphysikalischer Sicht notwendig. Für sinnvoll und empfehlenswert halten Fachleute die Wärmerückgewinnung, weil sie Energie spare und so weniger Kohlendioxid produziert werde. Bleibt noch anzumerken, daß sich laut Experten die Mehrkosten unter den derzeitigen Rahmenbedingungen nicht immer amortisieren. Dieser Punkt interessiert Eberhard Mühlich weniger. Er hört mehr auf sein „Ökologisches Gewissen" und versichert, daß er sich nicht zuletzt deshalb so wohl in seinem Altbau fühlt, weil er hier eine „Öko-Sanierung" verwirklicht habe.

Oben: Die vorgewärmte Frischluft strömt vom Rand der abgehängten Zimmerdecke in den Wohnraum. Rechts: Verbrauchte, feuchtwarme Luft, wie hier im Bad, läßt sich mit Tellerventilen abgsaugen.

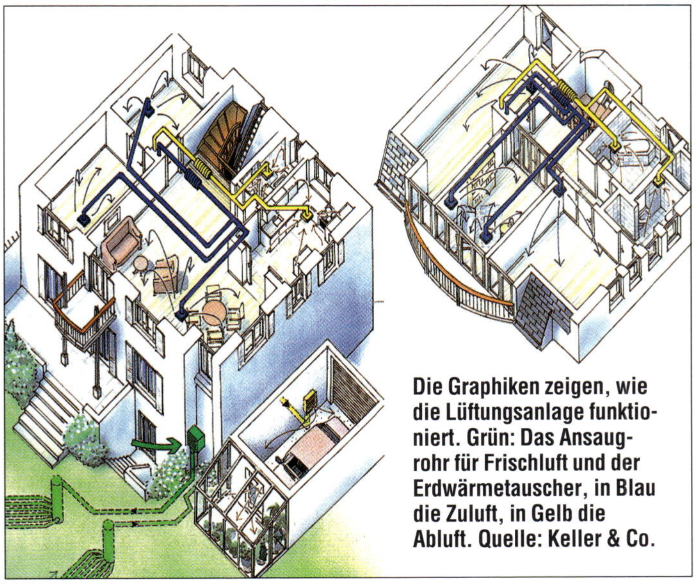

Die Graphiken zeigen, wie die Lüftungsanlage funktioniert. Grün: Das Ansaugrohr für Frischluft und der Erdwärmetauscher, in Blau die Zuluft, in Gelb die Abluft. Quelle: Keller & Co.

Die Wohnungslüftung im Urteil des Fachmanns

Hans Baumgartner, verantwortlich für die Haustechnik in diesem Modellhaus.

Bei den durch die steigenden Anforderungen der Energieeinsparverordnung hergestellten Bedingungen ist der Wärmeverlust, der durch unkontrolliertes Lüften entsteht, größer als der Wärmeverlust durch Temperaturunterschiede der Außenbauteile. Dies allein macht eine kontrollierte Wohnungslüftung unumgänglich. Wenn die Anforderungen an die Außenbauteile weiter steigen, ist der Wärmebedarf der kontrollierten Lüftung der größte und damit wichtigste Verbraucher der Heizungsanlage.

Zusammen mit den hygienischen Erfordernissen des Luftaustauschs und der Notwendigkeit frischer Atemluft werden die Zu- und Abluftanlagen mit Filterung – schmutzige Außenluft und daraus folgende gesundheitliche Gefahren! – ein immer wichtigerer Bestandteil unserer Häuser der Zukunft werden.

Ob sich in diesem Szenario die Wärmerückgewinnungsanlagen durchsetzen werden, hängt vom Weltenergievorrat an fossilen Brennstoffen, unserer wirtschaftlichen Lage und nicht zuletzt von unserem Gesetzgeber ab, der wichtige volkswirtschaftliche und ökologische Aspekte berücksichtigen muß. Betrachtet man die künftige Entwicklung der kontrollierten Wohnungslüftung mit Wärmerückgewinnung aus ökonomischer und volkswirtschaftlicher Sicht, wird immer eine Frage im Mittelpunkt stehen: Ist die wiedergewonnene Energie der gesamten Laufzeit einer Wärmerückgewinnung größer oder kleiner als der energetische Aufwand zur Herstellung?

Nur mit extrem viel Eigenleistung ließen sich die Kosten im vorgegebenen Rahmen halten. Susanne Hecht und Architekt Werner Hanus verwandelten das vernachlässigte, 1995 erworbene Anwesen nach und nach in ein kleines Wohnparadies.

„Hier leben wir gerne"

Tagebuch

Hier befindet sich heute die Küche: Das Sandsteinmauerwerk blieb sichtbar, die anderen Wände sind verputzt oder mit Gipskarton verkleidet.

Eng, eng: Etwa in einer Achse mit der Haustür verlief früher die Erschließungstreppe der Wohngeschosse. Jetzt: offenes Entrée mit Garderobe.

Etwa dieselbe Perspektive wie auf dem großen Foto rechts. Die Dachkonstruktion wird später gedämmt – zwischen und unter den Sparren.

Von dem Fachwerk wird nur ein Balken stehenbleiben, eine Stahlstütze übernimmt die statische Funktion. Dahinter: die alte Eingangstreppe.

Die Oberfläche der Sandsteinmauer im Wohnzimmer erhielt ihr heutiges Finish erst nach Bearbeitung mit verschiedensten Werkzeugen.

Spontan, aus dem Bauch heraus kauften Susanne Hecht und Werner Hanus den alten Bauernhof – „obwohl die Finanzierung nicht durchdacht war". Die Lage okay, der Garten nicht allzu groß, die Hofsituation gefiel. Und beim Preis ließ sich was machen – für 140 000 Euro war das Anwesen annonciert, auf 133 000 einigte man sich.

Werner Hanus ist gelernter Schreiner, studierte dann Architektur, und wohnte in dieser Zeit bei seinen Eltern in einem ganz ähnlichen Haus. „Schon damals überlegte ich mir, wie man so ein Gebäude architektonisch optimieren könnte." Damals entstand auch die Idee mit der Galerie. Und der Wunsch, irgendwann selber ein solches Haus zu erwerben.

Susanne Hecht hatte ähnliche Vorstellungen, beide waren sich einig, daß ihre Kinder Julian und Clara hier ein ideales Umfeld und vor allem viel Platz hätten.

Klar, es war ein gewisses Wagnis. Ein solches Unternehmen kann schnell zum Faß ohne Boden werden – schmerzhaft, wenn man knapp kalkulieren muß. Prophylaktisch helfen da nur Eigenleistung und ein glasklares Konzept. „Leitgedanke war, mit einfachen, preiswerten Materialien eine schlichte, trotz-

dem nicht traditionelle Sprache zu finden", sagt Werner Hanus. Daß sich mit simplen Dachlatten formal überzeugende, ja fast edel anmutende Fassadenverkleidungen zaubern lassen – hier haben wir das beste Beispiel. Und daß gebrauchstüchtiges Design nicht die Welt kosten muß – hier ist es mustergültig demonstriert.

Freilich, der Zwang zum Sparen zwang auch zu Kom-

Großes Foto: Wo früher Traktor & Co. abgestellt waren, zog Werner Hanus eine Galerieebene ein. Der gelernte Schreiner konnte professionell auch bei vielen anderen Details Hand anlegen: etwa bei der selbst entworfenen Küche (vormals Keller) oder dem in die Wand versenkbaren Birnbaumtisch. Aus dem gleichen Holz hat er die in die Wand eingelassenen Regale gefertigt.

Tagebuch

Die neue Galerie lagert auf einem Träger und einer Stütze aus Stahl. Rechts an der Wand warten maßgefertigte Fenster auf den (Selbst-)Einbau.

Vergleiche Foto rechts: Blick über die während des Umbaus als Materiallagerfläche dienende Galerie. Zwischensparren gedämmt: die Außenwand.

Diese Fernsicht bietet sich aus dem Elternschlafzimmer. Das Fachwerk mußte ersetzt werden – Werner Hanus wählte eine ähnliche Teilung.

Der Giebel ist heute verglast und mit einem Raster aus Kanthölzern versehen. Vorteil: Transparenz von innen nach außen, umgekehrt: Sichtschutz.

Drei Jahre lang trotzte das über einen Freund günstig erstandene, alte Baugerüst Wind und Wetter – ein modernes Leihgerüst wäre teuer gekommen!

Die Kombination aus Stahl und Nadelhölzern – einfachen Materialien also – verleiht dem Anwesen seinen individuellen Charme. Lamellenthema in Variationen: Kanthölzer vor dem verglasten Giebel, Stahlbleche an der Eingangstür, in die Klappläden gefräste Sehschlitze.

Nur auf der Rückseite ist noch angerüstet, der Rest präsentiert sich wie aus dem Ei gepellt und farblich geschmackvoll abgestimmt. Mühsam wieder freigelegt: der Sandsteinsockel.

Grundrisse

Das Gebäude hatte die typische 3er-Struktur eines Bauernhauses: rechts Wohnen, in der Mitte Platz für Fahrzeuge, links Scheune. Deshalb sind die neuen Grundrisse mit ihrem sinnvollen Raumprogramm auf viele andere Objekte übertragbar. Die Wohnfläche wurde von 90 auf 160 Quadratmeter vergrößert, erhebliche Ausbaureserven bietet die ehemalige Scheune.

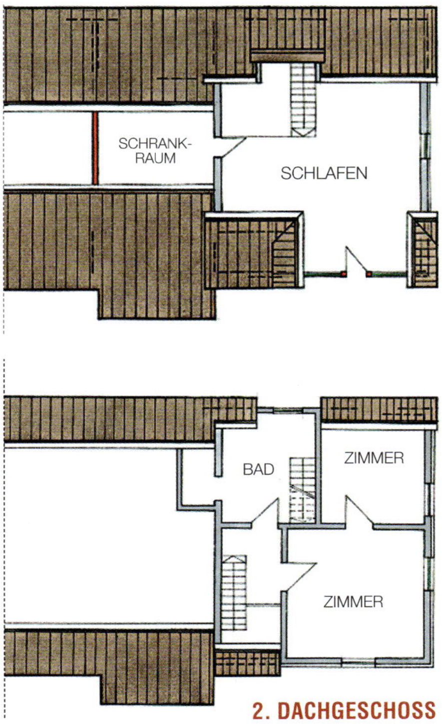

ALT
ABBRUCH
NEU

2. DACHGESCHOSS

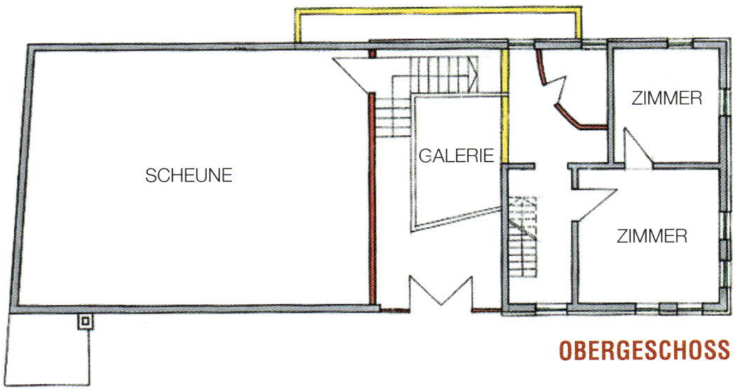

OBERGESCHOSS

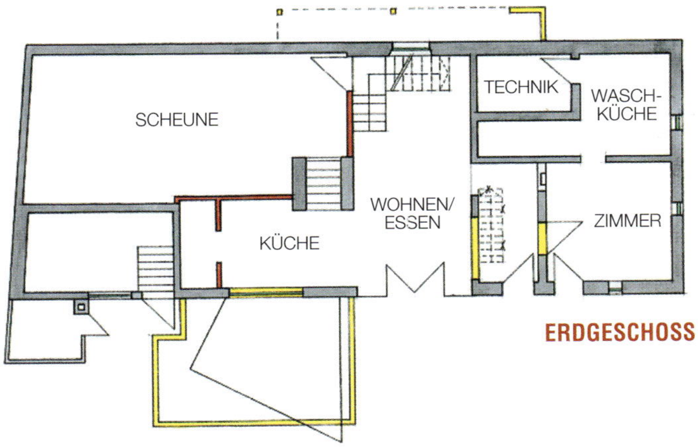

ERDGESCHOSS

promissen. Die Küche würde Werner Hanus nicht mehr aus Spanplatten schreinern, denn die sind mittlerweile – obwohl wasserfest verleimt – leicht aufgequollen. Und in Küche und Eßbereich wird irgendwann doch Parkett oder Linoleum verlegt – die Oberflächen der preiswerten, aus groben Holzspänen gepreßten OSB-Platten haben sich als nicht resistent genug für tägliche Beanspruchung erwiesen (sie können aber selbstverständlich als Unterkonstruktion liegenbleiben).

Fast in jedem Gewerk engagierten sich die beiden Hausbesitzer intensiv, unterstützt von Verwandten und Freunden. Freizeit? Jahrelang ein Fremdwort. Zu leisten war harte Arbeit. Arbeit, die aber auch Spaß machte – denn es zeigte sich bald, daß das Konzept aufgehen würde. Spontane Entscheidungen sind eben manchmal doch die besten! ■

Fakten

Baujahr:	ca. 1890
Umbau:	seit 1995
Wohnfläche früher:	90 m²
Wohnfläche heute:	160 m²

Architekt: Dipl.-Ing. (FH) Werner Hanus, Im Besterwasen 4, 72768 Reutlingen, Telefon 07121/63331

Materialien: Giebelfassade Straßenseite: Seekieferplatten, Klappläden: Seekieferplatten (gefaßt mit Stahlprofilen), Giebelverkleidung Elternschlafzimmer: 30er Dachlatten, aus Platten geschnitten; alle Hölzer sind im selben Ton wetterschutzlasiert (Hersteller Lasur: Sikkens), die sägerauhen Oberflächen intensivieren die Farbtiefe; Sandsteinsockel: eingelassen mit einer zirka alle drei Jahre neu aufzutragenden Hydrophobierung (Witterungsschutz); Fußboden EG: OSB-Platten auf Fußbodenheizung und Unterkonstruktion; Dämmung Wand und Decke: Mineralfaser.

DOMNICK SKULPTUREN

Mini-Bad und Mini-Küche, dafür aber sehr große Wohnräume – typisch für 60er-Jahre-Bungalowarchitektur und absolut nicht mehr zeitgemäß. Da halfen nur radikale Eingriffe. Seit 1981 hatte die Familie das Haus zur Miete bewohnt, Ende der 90er ergab sich die Möglichkeit des Kaufes und des Umgestaltens. Auch sehr wichtig: ein Garten in kompatibler Eleganz.

Die Form folgt der Funktion

Früher von einer hohen, aufwändig zu pflegenden Hecke verdeckt, überzeugt das Haus heute durch klare Linien, spannendere Kubatur und viel höheren Nutzwert. Ein Resultat, um das lange und intensiv gerungen wurde. Kein Wunder – der Bauherr ist Grafikdesigner, der Architekt ein Freund der Familie. Ästhetisch sprach man dieselbe Sprache, Schmankerl wie der Wintergarten waren da vorprogrammiert.

Küche

Mit ihr fing alles an: 15 Quadratmeter eng, entsprach sie nicht mehr den Vorstellungen der Bauherren. Erweitert um das doppelte, mit freier Herdstelle, kurzen Versorgungswegen und gastfreundlichem Tresen, präsentiert sich dieser Bereich endlich ergonomisch. Doch da der Wohnraum plötzlich viel kleiner geworden war, entschied man sich für einen Wintergartenanbau.

Hightechgläser und Vertikalrollos sorgen im Wintergarten für vernünftiges Klima – wichtig bei so großen Glasflächen. Vom vielen Licht profitiert auch der übrige Wohnbereich. Wenn's ganz gemütlich werden soll, läßt sich in zehn Minuten der Kaminofen anwerfen.

Talentierte Häuser sind rar gesät. Und bei weitem nicht jeder Umbau ist fotogen. Das merkt man schnell, wenn man für seine Leser viel unterwegs ist, um schicke, gut gemachte Beispiele zu finden.

Diesmal kam der Tip aus den eigenen Reihen. Bemerkenswertes, schwärmte unsere Redaktionsassistentin, würde sich in ihrem Wohnort unweit Stuttgarts tun. Ein Bungalow, früher total unauffällig, hätte sich völlig verändert. In der Tat: vor Ort ist auch der Redakteur von der dezenten Eleganz des Anwesens sofort angetan. Außenanlagen und Architektur ergänzen sich, wirken konsequent durchgestaltet. Das macht neugierig auf mehr.

„Wir wollten den Garten unbedingt gleichwertig mit in die Planung einbeziehen", sagt der Bauherr, ein selbständiger Grafikdesigner. Denn oft sei es gerade der Garten, der bei Modernisierungen zu kurz käme und das Gesamtergebnis deutlich schmälere.

Die Atriumsituation sollte betont werden, außerdem nahm die 1,50 Meter breite Hecke zu viel vom Grundstück weg. Sie wurde pfiffigerweise durch eine schmale Tuffsteinmauer ersetzt, die nach und nach mit Efeu und anderen Kletterpflanzen berankt werden soll.

Kleines Grundstück, große Ideen: Als perfekte Wintergartenform kristallisierte sich das Halbrund heraus (dieses wiederholt sich übrigens in der Form des Sitzbank-Podestes). Der Anbau kompensiert den durch Vergrö-

ßern der Küche entstandenen Verlust an Wohnraum. Und bringt natürlich alle diesen Konstruktionen eigenen Vorteile: Klimapuffer, viel Tageslicht, Transparenz, und so weiter. Ergo entwickelte sich der lichtdurchflutete Bereich schnell zu einem Lieblingsplatz der Familie.

Endlich wird jetzt auch das Bad gerne genutzt. In den Sechzigern plante man Bäder (und auch die Küchen) häufig zu klein. Viele Besitzer älterer Häuser sind darüber unglücklich. Die Bauherren des vorgestellten Beispiels machten den Kauf des Bungalows sogar von der Option abhängig, Küche und Bad nach ihren Bedürfnissen erweitern zu dürfen, alternativ hätten sie sofort neu gebaut.

Doch die Dinge entwickelten sich anders. Und, wie die Bilder zeigen, sehr erfreulich. So ist heute auch das Bad ein liebevoll gestalteter Raum, mit hochwertigen Sanitärobjekten und Details

Bad

Als „genial" empfindet der Bauherr die Architektenidee, das Bad einfach auf der neuen Garage zu erweitern. Plus zehn Quadratmeter – Platz genug, um den individuellen Grundriß zu realisieren. Ein pyramidenförmiges Dachfenster (gleicher Bauart wie das auf dem extensiv begrünten Garagendach) spendet Licht, warmtönige Wände und Bodenfliesen vermitteln Wohlfühl-Stimmung. Vom Whirlpool aus die Sterne zählen – was will man mehr?

Garten

Pflegeleicht und elegant war der Garten gewünscht. Vorbildlich europäisch harmonieren portugiesischer Granit, deutsches Pflaster und italienischer Tuffstein. Statt Nullachtfünfzehn-Gestaltung: sandfarbene Natursteinflächen, an denen sich das Auge auch im Winter freut.

Die Atriumsituation bietet schon sehr früh im Jahr geschützte Sitzmöglichkeit im Freien. Geschickt ist die umliegende Bebauung ausgeblendet. Später soll die Tuffsteinmauer mit Efeu und anderen Kletterpflanzen berankt sein.

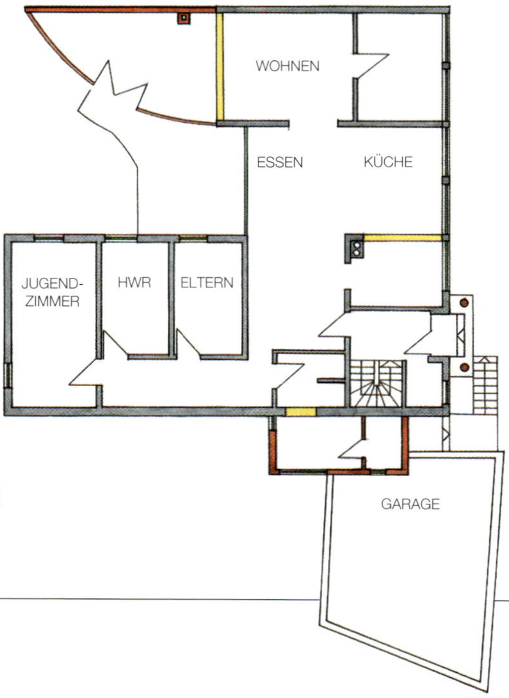

ERDGESCHOSS

Richtiggehend verzahnt sind jetzt Gebäude und Grundstück. Mit einladender Geste bilden die neuen Kuben den Eingangsbereich. Einkäufe lassen sich direkt von der Garage ins Haus verfrachten. Im ganz linken, ehemaligen Elternschlafzimmer wohnt jetzt der Sohn, die Tochter zog in die Einliegerwohnung (UG).

wie Bräunungsliege und praktischen Rollschränken. Fußbodenheizung rundet das Komfortpaket so effektiv ab, daß die zusätzlichen Heizkörper eigentlich nie eingeschaltet werden müssen. Wegen des großen Raumvolumens ist auch Wasserdampf kein Problem. Im Winter reicht kurzes Querlüften. Ventilatoren wären überflüssig – und teuer – gewesen.

Der Hausherr hat früher für einen führenden Hersteller Küchen designt. Natürlich schlägt sich seine Beschäftigung mit Ergonomie, mit Materialien und Raumplanung auch beim Umbau des eigenen Besitzes nieder. So im Bad, so in der Küche, so in vielen weiteren Aspekten. Spürbar ist das Bemühen, Formen auf das Wesentliche zu reduzieren, gewissermaßen eher den einfachen als den überladenen Weg zu gehen.

Es werden sinnvolle architektonische Beziehungen gesucht und immer bleibt die Materiallogik gewahrt: Statt aus Wackersteinen entsteht die straßenseitige Grundstücksmauer aus Beton. Kein Zufall, daß diese direkt auf die (Beton-)Säule vor der Haustür zuläuft. Summa summarum: alles wie aus einem Guß! ■

Fakten

Baujahr:	60er Jahre
Umbau:	Ende 90er Jahre
Wohnfläche früher:	170 m²
Wohnfläche heute:	200 m²

Architekt:
Manfred Kiebler, Habsburger Str. 22, 78628 Rottweil, Telefon 0741/23730

Gartenbau:
Jakob Simons, Schmidener Str. 134, 71332 Waiblingen, Telefon 07151/54083